Adobe Illustrator 2020
基础培训教材

王琦 主编 邢夏玮 编著

人民邮电出版社

北 京

图书在版编目（ＣＩＰ）数据

Adobe Illustrator 2020基础培训教材／王琦主编；
邢夏玮编著. —— 北京：人民邮电出版社，2020.9（2023.2重印）
ISBN 978-7-115-54497-1

Ⅰ．①A… Ⅱ．①王… ②邢… Ⅲ．①图形软件－技术
培训－教材 Ⅳ．①TP391.412

中国版本图书馆CIP数据核字(2020)第137635号

内 容 提 要

本书是Adobe中国授权培训中心的官方教材，面向Illustrator 2020初学者。全书以理论和实例操作相结合的形式，深入浅出地讲解了软件的使用技巧，让读者快速掌握软件的应用方法，借此创作利器，攀登设计巅峰。

全书共10课，以Illustrator 2020版本为基础进行讲解：第1课讲解Illustrator的应用、矢量图与位图的区别、ACA证书的获取方法，以及Illustrator的下载方法；第2课讲解Illustrator 2020的界面、视图、文件和画板的基本操作；第3课讲解基本绘图工具的使用；第4课讲解色彩的运用；第5课讲解对象的调节；第6课讲解效果与外观；第7课讲解文本的创建和编辑；第8课讲解对象的高级操作；第9课讲解打印与输出；第10课讲解使用Illustrator 2020制作的综合案例。全书深入剖析了利用Illustrator 2020进行设计的方法和技巧，帮助读者尽可能地掌握设计中的关键技术与设计思想，课后还布置了作业，用以检验读者的学习效果。

本书附赠视频教程、讲义，以及案例的素材、源文件和最终效果文件，以便读者拓展学习。

本书适合学习Illustrator 2020的初、中级用户自学使用，也适合作为各院校相关专业学生和社会培训学校学员的教材或辅导书。

◆ 主　编 王　琦

　编　著 邢夏玮

　责任编辑 赵　轩

　责任印制 王　郁　马振武

◆ 人民邮电出版社出版发行　北京市丰台区成寿寺路 11 号
邮编 100164　电子邮件 315@ptpress.com.cn
网址 https://www.ptpress.com.cn
涿州市京南印刷厂印刷

◆ 开本：787×1092　1/16
印张：10.5　　　　　　2020 年 9 月第 1 版
字数：180 千字　　　　2023 年 2 月河北第 10 次印刷

定价：59.00 元

读者服务热线：(010)81055410　印装质量热线：(010)81055316
反盗版热线：(010)81055315
广告经营许可证：京东市监广登字 20170147 号

编委会名单

主　编： 王　琦

编　著： 邢夏玮

编委会：（以下按姓氏音序排列）

随着移动互联网技术的高速发展，数字艺术为电商、短视频、5G等新兴领域的飞速发展提供了前所未有的强大助力。以数字技术为载体的数字艺术行业，在全球范围内呈现出高速发展的态势，为中国文化产业的再次盛兴贡献了巨大力量。据2019年8月发布的《数字文化产业发展趋势报告》显示，在经济全球化、新媒体融合、5G产业即将迎来大爆发的行业背景下，数字艺术还会迎来新一轮的飞速发展。

行业的高速发展，需要持续不断的"新鲜血液"注入其中。因此，我们要不断推进数字艺术相关行业的职教体系的发展和进步，培养更多能够适应未来数字艺术产业的技术型人才。在这方面，火星时代积累了丰富的经验，作为中国较早进入数字艺术领域的教育机构，自1994年创立"火星人"品牌以来，一直秉承"分享"的理念，毫无保留地将最新的数字技术分享给更多的从业者和大学生，无意间开启了中国数字艺术教育元年。26年来，火星时代一直专注数字技能型人才的培养，"分享"也成为我们刻在骨子里的坚持。现在，我们每年都会为行业输送数以万计的优秀技能型人才，教学成果、图书教材和教学案例通过各种渠道辐射全国，很多艺术类院校或相关专业都在使用火星时代出版的图书教材或教学案例。

火星时代创立初期的主业为图书出版，在教材的选题、编写和研发上自有一套成功经验。从1994年出版第一本《3D studio 三维动画速成》至今，火星时代教材出版超过100种，累计销量已过千万。在纸质图书从式微到复兴的大潮中，火星时代的教学团队从未中断过在图书出版方面的探索和研究。

"教育"和"数字艺术"是火星时代长足发展的两大关键词。教育具有前瞻性和预见性，数字艺术又因与计算机技术的发展息息相关，一直都奔跑在时代的最前沿。而在这样的环境中，居安思危、不进则退成为火星发展路上的座右铭。我们从未停止过对行业的密切关注，尤其是技术革新对人才需求的新变化。2020年上半年，通过对上万家合作企业和几百所合作院校的最新需求调研，我们发现，对新版本软件的熟练使用，是连结人才供需双方诉求的最佳结合点。因此，我们选择了目前行业需求最急迫、使用最多、版本最新的几大软件，发动具备行业一线水准的火星精英讲师，精心编写出这套基于软件实用功能的系列图书。该系列图书内容全面覆盖软件操作的核心知识点，还创新性地搭配了按照章节定义的教学视频、课件PPT、教学大纲、设计资源及课后练习题，非常适合零基础读者，同时还能够很好地满足各大高等专业院校、高职院校的视觉、设计、媒体、园艺、工程、美术、摄影、编导等相关专业的授课需求。

学生学习数字艺术就是攀爬金字塔的过程。从基础理论、软件学习、商业项目实战、专业知识的横向扩展和融会贯通，一步步地进阶到金字塔尖。火星时代在艺术职业教育领域经过26年的发展，已经创造出一整套完整的教学体系，帮助学生在成长中的每个阶段都能完成挑战，顺利进入下一阶段。我们出版图书的目的也是如此。这里也由衷感谢人民邮电出版社和

Adobe中国授权培训中心的老朋友们对本系列图书的大力支持。

心理学家、教育家布鲁姆曾说过："学习的最大动力，是对学习材料的兴趣。"希望这套浓缩了我们多年教育精华的图书，能给您带来极佳的学习体验！

王琦

火星时代教育创始人、校长

中国三维动画教育奠基人

本书特色

本书作者根据多年的教学经验，以深入浅出、平实生动的教学风格，将Illustrator 2020化繁为简，从扎实的基础起步，循序渐进地手把手教学，力求让初学者轻松掌握Illustrator 2020的核心技法。

此外，本书有完整的课程资源，还在书中融入了大量的视频教学内容，使读者可以更好地理解、掌握与熟练运用Illustrator 2020。

理论知识与实践案例相结合

本书中的知识结构和案例都在课堂上经过多次讲解，深受广大学员的喜爱。本书在每一课都先讲解相关必备的理论知识，再通过实践案例加深读者理解，让读者真正做到知其然且知其所以然。本书不但适合作为各院校相关专业教材，也适合作为社会培训机构的教材，同时也可作为平面设计师的参考书。

资源

本书包含大量资源，包括视频教程、讲义、案例素材、源文件及最终效果文件。视频教程与书中内容相辅相成、相互补充；讲义可以使读者快速梳理知识要点，也可以帮助教师制定课程教案。

作者简介

王琦： 火星时代教育创始人、校长，中国三维动画教育奠基人，被业界尊称为"中国CG之父"，北京信息科技大学兼职教授、上海大学兼职教授，Adobe教育专家、Autodesk教育专家，出版《三维动画速成》《火星人》等系列图书和多媒体音像制品50余部。

邢夏玮： 资深平面设计师、UI设计师，Adobe中国认证设计师，Adobe Illustrator 认证产品专家，专注于平面创意、版式设计、UI设计等领域，有8年的设计工作经验，4年的教学经验，为多家品牌提供视觉创意服务。

读者收获

学习完本书后，读者可以熟练地掌握Illustrator 2020的操作方法，还将对图形的创建、色彩的运用、名片设计、宣传单设计、折页设计、图标设计等工作有更深入的理解。

本书在编写过程中难免存在疏漏，希望广大读者批评指正。如果读者在阅读本书的过程中有任何建议，都可以发送电子邮件至zhaoxuan@ptpress.com.cn联系我们。

编者

2020年7月

课程名称	Adobe Illustrator 2020基础		
教学目标	使学生掌握Illustrator 2020软件的使用，并能够使用软件创作出简单的矢量图像作品		
总课时	32	总周数	8

课时安排

周次	建议课时	教学内容	作业数量
1	4	走进实用的Illustrator世界（本书第1课） 熟悉Illustrator 2020的基础操作（本书第2课） 基本绘图工具的使用（本书第3课第1、2、3节）	2
2	4	基本绘图工具的使用（本书第3课第4、5、6节） 色彩的运用（本书第4课）	2
3	4	对象的调节（本书第5课）	1
4	4	效果与外观（本书第6课）	1
5	4	文本的创建和编辑（本书第7课） 对象的高级操作（本书第8课第1节）	1
6	4	对象的高级操作（本书第8课第2节） 打印与输出（本书第9课）	2
7	4	综合案例（本书第10课第1、2节）	2
8	4	综合案例（本书第10课第3、4节）	2

本书以课、节、知识点和本课练习题对内容进行了划分。

课 每课将讲解具体的功能或项目。

节 将每课的内容划分为几个学习任务。

知识点 将每节内容的理论基础分为几个知识点进行讲解。

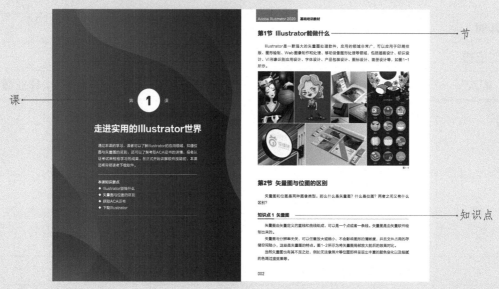

本课练习题 课后有与该课内容紧密相关的练习题，有填空题、选择题和操作题等多种题型。操作题均提供详细的作品规范、素材和要点提示，帮助读者检验自己是否能够掌握并灵活运用所学知识。

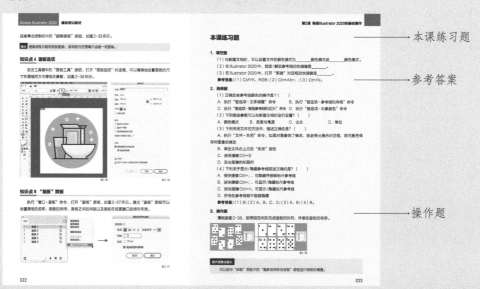

软件版本及操作系统

本书使用的软件是Illustrator 2020版本，操作系统为Mac OS。软件在Mac OS与

Windows系统中操作方式相同。

为兼顾使用不同系统的读者的学习，本书正文使用Windows系统的快捷键进行讲解。若读者使用Mac OS系统进行操作和学习，本书中的Ctrl键对应的是Command（⌘）键，Alt键对应的是Option（⌥）键。

资源获取

本书附赠所有课程的讲义，案例的详细操作视频、素材文件。登录QQ，搜索群号830688926加入火星时代的Photoshop图书服务群，或用微信扫描二维码关注微信公众号"职场研究社"，回复"54499"，获取本书配套资源的下载方式。

职场研究社

目录

第 4 课　色彩的运用

第 5 课　对象的调节

目录

第 6 课　效果与外观

第 7 课　文本的创建和编辑

第 8 课　对象的高级操作

第 9 课　打印与输出

目录

第 **1** 课

走进实用的Illustrator世界

通过本课的学习，读者可以了解Illustrator的应用领域，知道位图与矢量图的区别，还可以了解考取ACA证书的详情，报名认证考试来检验学习的成果。在正式开始讲解软件技能前，本课还将带领读者下载软件。

本课知识要点

◆ Illustrator能做什么

◆ 矢量图与位图的区别

◆ 获取ACA证书

◆ 下载Illustrator

第1节　Illustrator能做什么

　　Illustrator是一款强大的矢量图处理软件，应用的领域非常广，可以应用于印刷排版、图形绘制、Web图像制作和处理、移动设备图形处理等领域，包括插画设计、标识设计、VI形象识别应用设计、字体设计、产品包装设计、图标设计、画册设计等，如图1-1所示。

图1-1

第2节　矢量图与位图的区别

　　矢量图和位图是两种图像类型。那么什么是矢量图？什么是位图？两者之间又有什么区别？

知识点 1　矢量图

　　矢量图由矢量定义的直线和曲线组成，可以是一个点或者一条线。矢量图是由矢量软件绘制出来的。

　　矢量图与分辨率无关，可以任意放大或缩小，不会影响图形的清晰度，并且文件占用的存储空间较小，这些是矢量图的特点。图1-2所示为将矢量图局部放大前后的效果对比。

　　当然矢量图也有其不足之处，例如无法像照片等位图那样呈现出丰富的颜色变化以及细腻的色调过渡效果等。

知识点 2 位图

位图也称为"栅格图像"，由多个方块状像素点构成整幅图像。位图与分辨率有非常大的关系，像素的数量决定了图像的大小，像素数量越多，图像越清晰，当然所占用的存储空间也会比较大。

缩小位图文件的尺寸，像素会相应减少，如果使用放大镜放大位图，可以看到锯齿边缘，图像变得模糊，如图1-3所示。

图1-2   图1-3

第3节 获取ACA证书

学习完Illustrator 技能以后，还可以考取ACA证书来检验学习效果。下面就来了解一下ACA（Adobe Certified Associate）。

知识点 1 什么是 ACA

ACA是Adobe公司推出的权威国际认证。它是一套面向全球Adobe 软件的学习和使用者的全面、科学、严谨、高效的考核体系。

目前可以进行认证的科目包括Photoshop、Premiere、Illustrator等。

知识点 2 认证考试介绍

ACA考试包含单选题、多选题、匹配题和软件操作题，一共40道，其中25%为理论题。考试答题时间为50分钟。考试满分为1000分，获得700分以上为合格。考试方式为在线考试。

每通过一款软件的认证考试，就可以获得一张对应的认证证书，如图1-4所示。该证书适用于任何专业的学生和Adobe产品使用者。

如果获得了多个科目的认证证书，还可以换取Adobe 网页设计师或视觉设计师证书。拥有Photoshop、Illustrator、InDesign 3门同版本产品证书可免费换取Adobe视觉设计师证书，如图1-5所示。拥有Photoshop、Animate、Dreamweaver 3门同版本产品证书可免费换取Adobe网页设计师证书，如图1-6所示。

图1-4　　　　　　　　　　　　　　　图1-5　　　　　　　　　　　　　　　图1-6

知识点 3　获得认证的好处

首先，获得认证是软件技能与时俱进的一个证明。ACA会随着软件版本同步更新，周期一般为3年。认证可以检验使用者的学习成果，提升使用者的自信心。

同时，获得认证也可以增强专业技能的可信度，对求职有帮助。

此外，获得认证还可以增加学习的仪式感。

第4节　下载Illustrator

在正式学习Illustrator技能前，需要下载软件，接下来一起了解下如何下载Illustrator软件。

Illustrator几乎每年都会进行一次版本的更新迭代，更新的内容包括部分功能的优化和调整，以及增加一些新功能等。因此，建议大家下载较新版本的Illustrator软件，这样可以体验到更多新技术和新功能。

本书基于Illustrator 2020版进行讲解，建议初学者下载相同的版本来进行同步的练习。

下载Illustrator的方法很简单，只需要登录图1-7所示的Adobe官方网站，然后找到"支持"栏目，在该栏目中的"下载与安装"页面就可以下载正版Illustrator软件了。

图1-7

下载软件后，根据安装文件的提示，一步一步地进行软件安装即可。

第 **2** 课

熟悉Illustrator 2020的基础操作

随着Illustrator版本的不断升级，Illustrator 2020的工作界面
与以往的版本相比有了很大的改观，其布局更加合理、简洁，
操作性更强，更加符合用户的使用需求。

通过本节课的学习，读者可以了解Illustrator 2020的软件界
面，掌握软件视图、文件等基本操作，为后续进一步学习该软
件打下坚实的基础。

本课知识要点
◆ 认识软件界面
◆ 文件的基本操作
◆ 移动和缩放视图
◆ 画板的基本操作
◆ 标尺工具

第1节　认识软件界面

执行"新建"或"打开"命令，打开一个文件，可以看到Illustrator 2020的工作界面，包括菜单栏、标题栏、工具箱、控制栏、状态栏和面板等，如图2-1所示。

图2-1

知识点 1　菜单栏

菜单栏位于工作界面的上部，包括9个菜单，分别是文件、编辑、对象、文字、选择、效果、视图、窗口和帮助。用户可通过执行各菜单中的命令来完成各种操作和设置。

知识点 2　标题栏

打开一个文件以后，系统会自动创建一个标题栏。标题栏主要显示当前文件的名称、视图比例和颜色模式等信息，如图2-2所示。

知识点 3　工具箱

工具箱在默认状态下位于工作界面左侧，也可以根据需要拖曳到任意位置。利用工具箱所提供的工具，可以实现选择、绘图、添加

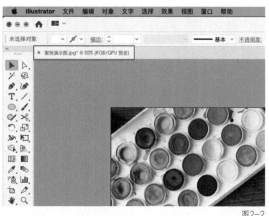

图2-2

文字、编辑、移动、添加符号等操作。工具箱中的工具大部分处于隐藏状态，没有全部展开，如图标右下角有黑色小三角，表示其内部还有很多未展现的工具。可以右击该图标，展开内部工具，图2-3所示为工具箱概览。

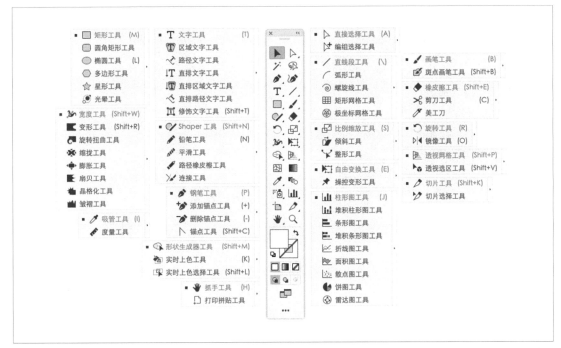

图2-3

知识点 4 控制栏

在工具箱中选择任意工具后，控制栏中将显示与当前工具相应的属性和参数，用户可对其进行更改和设置，如图2-4所示。

图2-4

知识点 5 面板

面板主要用于配合图形的编辑、设置工具参数等操作。面板在默认状态下位于工作界面右侧，如需打开更多面板，可以根据需要在"窗口"菜单中选择，如图2-5所示。

图2-5

知识点 6　状态栏

状态栏位于工作界面的最底部，可以显示当前文件的大小、尺寸、当前工具和窗口缩放比例等信息。单击状态栏中的三角形按钮，可以设置要显示的内容，如图2-6所示。

知识点 7　自定义工作区及复位

在进行一些操作时，部分面板几乎是用不到的，而工作界面中存在过多的面板会占用较多的操作空

图2-6

间，影响工作效率。因此，可自定义一个适合自己的工作区，以提高工作效率。

自定义工作区首先需要关闭不常用的面板。右击需要关闭的面板的名称，在下拉菜单中选择"关闭"选项可以关闭当前面板，选择"关闭选项卡组"选项，可关闭选项卡中所有面板，如图2-7所示。

如果想要将调整好的工作区保存下来，执行"窗口-工作区-新建工作区"命令，打开"新建工作区"对话框，设置名称并单击"确定"按钮即可存储工作区，如图2-8所示。

如果需要删除自定义的工作区，执行"窗口-工作区-管理工作区"命令，打开"管理工作区"对话框，选择需要删除的名称，单击"删除"按钮进行删除，如图2-9所示。

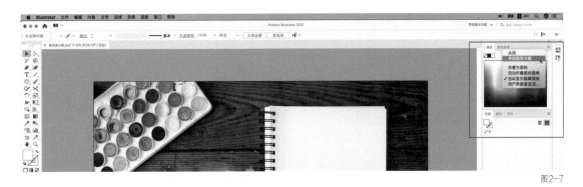

图2-7

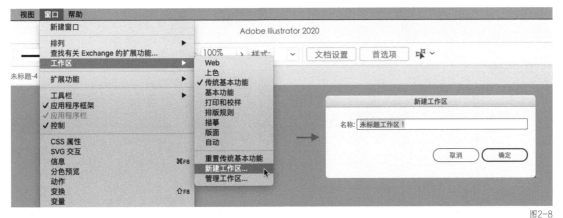

图2-8

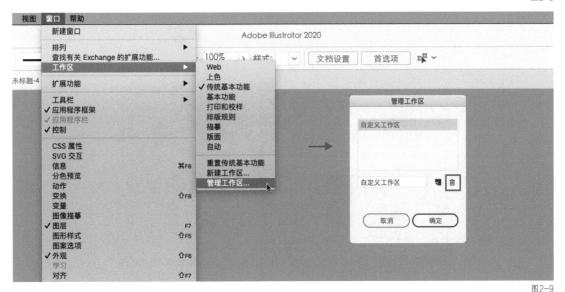

图2-9

如果工作区面板摆放凌乱或被误关闭了，执行"窗口-工作区-重置传统基本功能"命令即可恢复到原始面板状态，如图2-10所示。

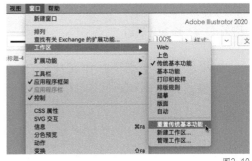

图2-10

第2节 视图的基本操作

在设计图稿时，经常会用根据需要调整视图的显示模式与显示比例，以便对所绘制的图稿进行观察和编辑，如可以通过缩放视图、移动视图、使用"导航器"面板等操作来查看或修改图稿在窗口中的显示效果。

知识点 1 选择视图模式

在Illustrator 2020中，图稿在默认情况下以彩色预览的方式展现，用户也可以根据需要以不同的视图模式预览图稿。

1. 轮廓模式

执行"视图-轮廓"命令，可以在轮廓模式下查看图稿，将隐藏图稿的所有色彩，只显示图稿的轮廓线结构，如图2-11所示。

2. 像素预览模式

执行"视图-像素预览"命令，可以在像素预览模式下查看图稿，可将图稿转换为位图显示模式，如图2-12所示。

图2-11

像素预览模式

默认预览模式

图2-12

知识点 2 移动视图

如果想要改变图稿在窗口中的显示位置，可以使用工具箱中的抓手工具来移动画布，也可以按住空格键临时切换到抓手工具，拖曳鼠标指针来移动视图位置，如图2-13所示。

图2-13

知识点 3 缩放视图

在编辑图像文件的过程中，使用缩放工具可以更好地查看图稿缩放效果，以便更准确地进行编辑。

1. 使用缩放工具调节视图

▌ 使用工具箱中的缩放工具，将鼠标指针移动到画板中单击，视图将以单击处为中心放大，如图2-14所示。如果想要缩小视图，可以按住Alt键单击，视图将以单击处为中心缩小。

图2-14

▌ 使用工具箱中的缩放工具，将鼠标指针移动到画板中，按住鼠标左键并向下拖曳鼠标指针，可以将所选区域放大。如果按住鼠标左键并向上拖曳鼠标指针，可以将所选区域缩小。

2. 使用视图命令调节视图

▌ 执行"视图－缩小"命令，或按快捷键Ctrl+-，可以将视图缩小。

▌ 执行"视图-放大"命令，或按快捷键Ctrl++，可以将视图放大。

3．使用鼠标滚轮调节视图

按住Alt键，并配合鼠标滚轮，向前滚动鼠标滚轮可放大图像，向后滚动鼠标滚轮可缩小图像。

4．使用状态栏调节视图

在状态栏的"显示比例"文本框中输入需要的视图比例数值后，按回车键即可按比例缩放视图，如图2-15所示。

图2-15

知识点4 "导航器"面板

使用"导航器"面板可以快速直观地查看图稿。执行"窗口-导航器"命令，打开"导航器"面板。

"导航器"面板中的红色线框内为当前预览区域，与画板中当前可查看区域相对应。如果要在"导航器"面板中移动画面，可以将鼠标指针放置在缩览图上，当鼠标指针变成抓手形状时，拖曳鼠标指针即可移动画面，如图2-16所示。

图2-16

> **提示** 在"导航器"面板中，单击"放大"按钮，即可放大视图；单击"缩小"按钮，即可缩小视图。
>
> 在"显示比例"文本框中输入需要的视图比例数值后，按回车键即可按比例缩放视图。

知识点 5 标尺工具

标尺工具可以帮助用户更精确定位和度量画板中的对象。执行"视图－标尺－显示标尺"命令，或按快捷键Ctrl+R可以在画板区左侧启用垂直标尺，在画板区顶部启用水平标尺，如图2-17所示。

1. 创建参考线

将鼠标指针放在水平标尺位置，按住鼠标左键并向下拖曳可以建立一条水平参考线。如果将鼠标指针放在垂直标尺位置，按住鼠标左键并向右拖曳可以建立一条垂直参考线，如图2-18所示。

图2-17

图2-18

2. 隐藏参考线

建立的参考线如果需要暂时隐藏，可以执行"视图－参考线－隐藏参考线"命令将其隐藏。隐藏参考线后如果想将其再次显示，可以执行"视图－参考线－显示参考线"命令将其显示，如图2-19所示。

> **提示** 按快捷键Ctrl +；，可以快速显示或隐藏参考线。

3. 锁定与解锁参考线

在设计图稿时，为了避免对参考线进行误操作，可以将参考线锁定，锁定后参考线将不能被选中和编辑。执行"视图－参考线－锁定参考线"命令，即可锁定参考线。再次执行该命令，即可解锁参考线。

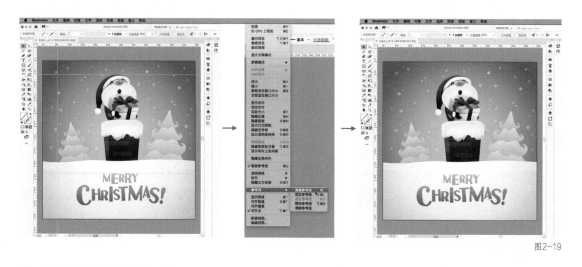

图2-19

提示 按快捷键Ctrl+Alt+;，可以快速锁定或解锁参考线。

4. 清除参考线

创建参考线后，如果想要清除单条参考线，可以选中参考线后按Delete键，删除选中的参考线。如果想要清除所有的参考线，可以执行“视图-参考线-清除参考线”命令，删除画板中所有参考线。

图2-20

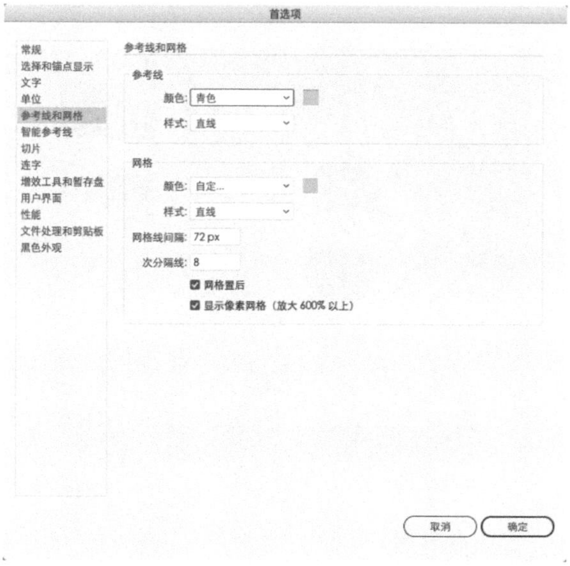

5. 设置参考线

参考线的颜色、样式都可以进行修改。执行“编辑-首选项-参考线与网格”命令，打开“首选项”对话框，根据相关的选项更改设置，如图2-20所示。

6. 设置智能参考线

智能参考线是在操作对象时显示的临时参考线。设置智能参考线有助于对象在对齐、编辑和变换时进行参照。执行“视图-智能参考线”命令，即可启用或关闭智能参考线。

使用智能参考线可以自动对齐画板中的点、线、对象中心、边缘，并给予对应的文字提示。通过这些参考线，用户可以准确定位，给绘图操作带来极大的方便，如图2-21所示。

执行“编辑-首选项-智能参考线”命令，可以设置智能参考线的颜色、对象突出显示、锚点/路径标签等参数，如图2-22所示。

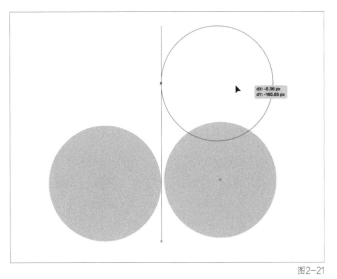

图2-21　　　　　　　　　　　　　　　　　　　　　　　　　　　　　图2-22

第3节　文件的基本操作

在Illustrator 2020中，文件的基本操作包括打开、新建、存储和关闭等，执行相应命令或使用快捷键即可完成操作。

知识点1　打开文件

在 Illustrator 2020中打开文件的方法有很多种，包括打开文件、打开最近使用的文件、以规定格式打开文件等。下面对常用的打开文件的方法进行详细讲解。

1.　通过主页面打开文件

启动软件后，在默认主页面上可以单击"打开"按钮来打开文件，如图2-23所示。

图2-23

2. 使用"打开"命令打开文件

执行"文件-打开"命令,打开"打开文件"对话框,选择需要打开的文件,然后单击"打开"按钮或直接双击文件,都可以打开文件,如图2-24所示。

图2-24

3. 使用"最近打开的文件"命令打开文件

Illustrator 2020可以保存最近使用过的20个文件的打开记录。执行"文件-最近打开的文件"命令,在其子菜单中单击文件名即可将其打开,如图2-25所示。

4. 使用"在Bridge中浏览"命令打开文件

执行"文件-在Bridge中浏览"命令,可以运行Adobe Bridge。在 Bridge中选择并双击一个文件,即可在Illustrator 2020中将其打开。

5. 使用快捷方式打开文件

利用快捷方式打开文件的方法主要有以下3种。

▌ 选择一个需要打开的文件,然后将其拖曳到Illustrator 2020的应用程序图标上,松开鼠标即可在Illustrator 2020中将其打开。

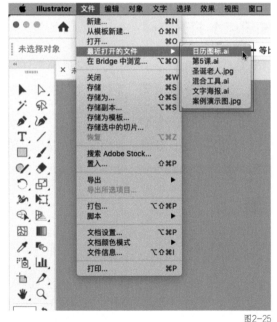

图2-25

▌ 选择一个需要打开的文件,然后将其拖曳到软件界面中,松开鼠标即可在Illustrator 2020中将其打开,如图2-26所示。

图2-26

▌ 选择一个需要打开的文件，然后将其拖曳到标题栏右侧深灰色条上，松开鼠标即可在Illustrator 2020中将其打开，如图2-27所示。

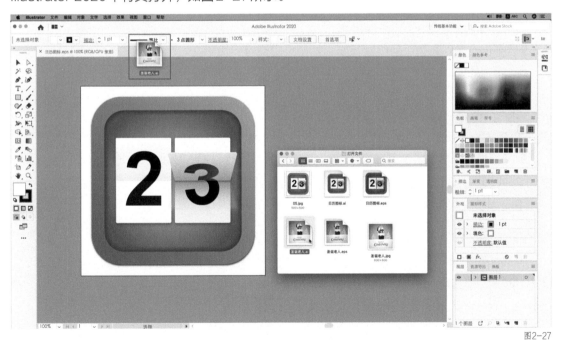

图2-27

知识点2 新建文件

启动Illustrator 2020后，在默认界面中单击"新建"按钮，打开"新建文档"对话框，如图2-28所示。在其中可以选择需要的尺寸模板或者自定义尺寸进行文档创建。执行"文件－新建"命令，也可打开"新建文档"对话框进行文档创建。

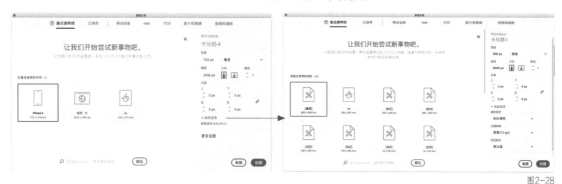

图2-28

"新建文档"对话框中各参数的详细含义如下。

▌ 在"移动设备""Web""打印""胶片和视频""图稿和插图"中可以选择系统预设的不同尺寸模板。

▌ 在文档名称文本框中可以设置文档名称。

▌ "宽度"与"高度"可以设置文档尺寸。

▌ "出血"主要用于避免文稿在印刷输出时裁切错位从而出现纸色。可以在文本框中设置行业常用数值3毫米，将其作为出血尺寸。

▌ "颜色模式"可以选择RGB颜色模式或CMYK颜色模式。RGB颜色模式用于屏幕显示，CMYK颜色模式用于印刷输出。

▌ "光栅效果"提供3种栅格效果，默认打印配置为300ppi，屏幕显示为72ppi。

▌ "预览模式"可以设置文档的预览模式，一般为默认值，不做更改。

知识点3 存储文件

在对文件进行编辑和处理的过程中，需要对文件进行存储，以便下次进行编辑。养成及时存储文件的好习惯，也可以避免因死机或停电等情况而造成的麻烦。

下面主要讲解两种常用存储文件的方法。

1. 存储为.ai格式

当需要对文件进行存储时，可以执行"文件－存储"命令，或按快捷键Ctrl+S，直接存储当前文件。如果是第一次存储文件，可以在打开的存储对话框中设置存储文件的名称、存储路径、默认文件格式等，如图2-29所示。

> **提示** 执行"文件－存储为"命令存储文件，可以将存储的文件在不覆盖原有文件的基础上另存一份。

2. 存储为.jpg格式

为了便于文件的预览和传输，有时也需要存储.jpg格式的图像文件。可以执行"文件－导出－导出为"命令，在打开的"导出"对话框中，设置存储文件的名称、存储路径，并将格式设置为JPEG(jpg)，如图2-30所示。单击"导出"按钮，打开"JPEG选项"对话框，设置颜色模型、品质以及分辨率，单击"确定"按钮即可保存.jpg格式图像。

图2-29

图2-30

> **提示** 勾选"使用画板"复选框，可以使导出的图片为画板的尺寸大小。

知识点 4 关闭文件

如果想要关闭某个文件，常用的方法有两种。

1. 使用"关闭"命令关闭文件

执行"文件－关闭"命令，即可关闭当前文件。若当前文件属于新建文档或处于编辑状态，还未进行存储，在关闭文件时就会弹出一个提示对话框，如图2-31所示。

单击"存储"按钮，即可保存并关闭文件；如果单击"不存储"按钮，则不保存文件，直接关闭文件；如果单击"取消"按钮，则取消关闭文件操作。

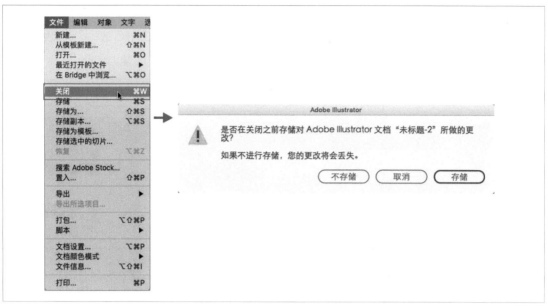

图2-31

2. 使用"关闭"按钮关闭文件

单击文件标题栏左侧的"关闭"按钮，可以关闭当前选择的文件。若当前文件属于新建文件或处于编辑状态，还未进行存储，在关闭文件时也会弹出提示对话框，操作同上，此处不再赘述，如图2-32所示。

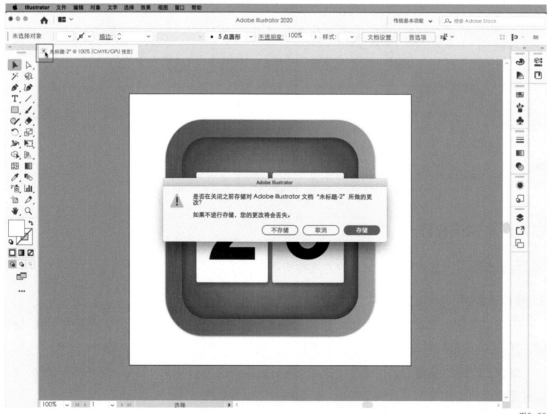

图2-32

第4节 画板的基本操作

在文件处理过程中，如果想要编辑当前画板或添加新的画板，可以通过画板工具进行设置。

知识点 1 新建画板

单击工具箱中的"画板工具"按钮，进入画板可编辑状态，单击"新建画板"按钮，可以以当前文件已有的画板尺寸创建新的画板，如图2-33所示。

知识点 2 复制画板

如果想要复制一个同样的画板，可以在画板工具状态下按住Alt键，并按住鼠标左键拖曳画板到新的位置，如图2-34所示。

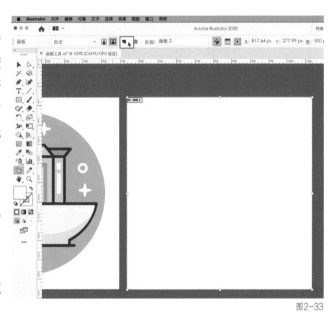

图2-33

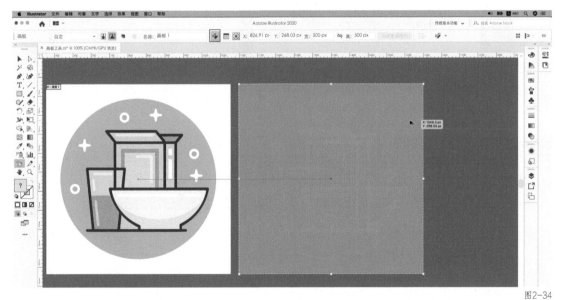

图2-34

> **提示** 如果激活"移动/复制带画板的图稿"按钮，在复制画板时，将连同画板内的图稿也一起复制。

知识点 3 删除画板

如果要删除一个画板，在画板工具状态下选中需要删除的画板，按Delete键，即可删除。

或者单击控制栏中的"删除画板"按钮，如图2-35所示。

> **提示** 删除画板只能将画板删除，该画板内的图稿不会被一同删除。

知识点4 画板选项

双击工具箱中的"画板工具"按钮，打开"画板选项"对话框，可以精确地设置画板的尺寸和画板的方向等相关参数，如图2-36所示。

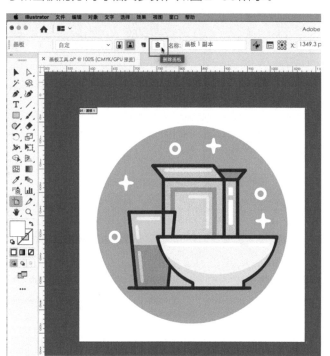

图2-35

图2-36

知识点5 "画板"面板

执行"窗口-画板"命令，打开"画板"面板，如图2-37所示。通过"画板"面板可以设置画板的名称、画板的排序、画板之间的间距以及画板在视图窗口的排列布局。

图2-37

本课练习题

1. 填空题

（1）在新建文档时，可以设置文件的颜色模式为＿＿＿＿颜色模式或＿＿＿＿颜色模式。

（2）在Illustrator 2020中，锁定/解锁参考线的快捷键是＿＿＿＿。

（3）在Illustrator 2020中，打开"新建"对话框的快捷键是＿＿＿＿。

参考答案：（1）CMYK、RGB；（2）Ctrl+Alt+；；（3）Ctrl+N。

2. 选择题

（1）正确改变参考线颜色的操作是？（   ）

A. 执行"首选项-文字调整"命令　　　B. 执行"首选项-参考线和网格"命令

C. 执行"首选项-智能参考线和切片"命令　D. 执行"首选项-对象颜色"命令

（2）下列哪些参数可以在新建文档时进行设置？（   ）

A. 颜色模式　　　B. 宽度与高度　　　　C. 出血　　　　　　D. 单位

（3）下列关闭文件的方法中，描述正确的是？（   ）

A. 执行"文件-关闭"命令，如果对图像做了修改，就会弹出提示对话框，询问是否保存对图像的修改

B. 单击文件右上方的"关闭"按钮

C. 按快捷键Ctrl+S

D. 双击图像的标题栏

（4）下列关于显示/隐藏参考线描述正确的是？（   ）

A. 按快捷键Ctrl+；可隐藏并删除标尺参考线

B. 按快捷键Ctrl+；可显示/隐藏标尺参考线

C. 按快捷键Ctrl+H可显示/隐藏标尺参考线

D. 所有的参考线都不能被隐藏

参考答案：（1）B；（2）A、B、C、D；（3）A、B；（4）B。

3. 操作题

请根据图2-38，按照指定间距完成画板的排列，并修改画板的名称。

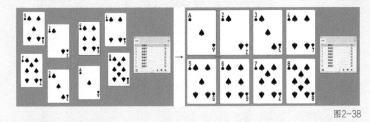

图2-38

操作题要点提示

可以使用"画板"面板中的"重新排列所有画板"按钮进行画板的调整。

第 **3** 课

基本绘图工具的使用

在Illustrator 2020中基本图形是制作任何复杂图形的基本元素，主要包括直线、弧线、矩形、椭圆形、多边形等。通过本课的学习，读者可以掌握如何在Illustrator 2020中绘制基本图形。

本课知识要点

◆ 基本线条的绘制

◆ 基本图形的绘制

◆ 路径与锚点

◆ 铅笔工具

◆ 钢笔工具

第1节 基本线条的绘制

在Illustrator 2020中绘制的任何图形都是由线和面构成的。要绘制这些图形，就需要了解基本的绘图工具和命令。本节将讲解基本线条的绘制方法。

知识点1 直线段的绘制

使用直线段工具可以绘制各种直线段。绘制直线段的方法有以下两种。

1. 使用鼠标直接绘制直线段

选择直线段工具，将鼠标指针移动到画板，按下鼠标左键确定直线的起始点，然后拖曳鼠标指针绘制想要的长度后松开鼠标，即可绘制一条直线段，如图3-1所示。

2. 使用对话框精确绘制直线段

选择直线段工具，在画板空白处单击鼠标左键，打开"直线段工具选项"对话框，在该对话框中可设置直线段的长度和角度，如图3-2所示。

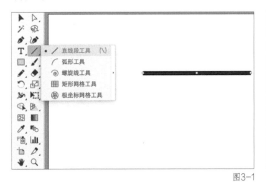

图3-1

图3-2

知识点2 弧线的绘制

使用弧形工具可以绘制弧线。绘制弧线的方法与绘制直线段的方法相似，主要包含以下两种方式。

1. 使用鼠标直接绘制弧线

选择弧形工具，将鼠标指针移动到画板，按下鼠标左键确定弧线的起始点，然后拖曳鼠标指针绘制想要的长度后松开鼠标，即可绘制一条弧线，如图3-3所示。

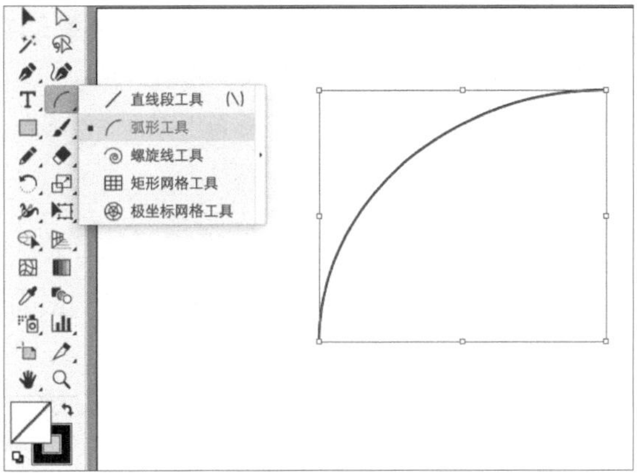

使用鼠标直接绘制弧线的技巧如下。

■ 拖曳出弧线后不松开鼠标左键，同时

图3-3

按↑键，可以增加弧线弯曲度；反之，如果按↓键，可以减小弧线弯曲度，如图3-4所示。

▌拖曳出弧线后，按C键，可以切换到闭合路径弧线模式；再按C键，可以切换回开放路径，如图3-5所示。

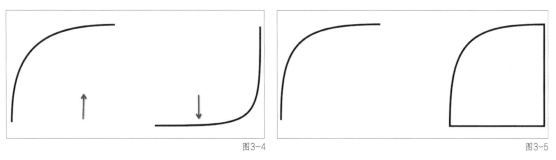

图3-4　　　　　　　　　　　　　　　　　　　　　　　　图3-5

▌绘制出弧线后，按X键，能将弧线转换为镜像弧线，如图3-6所示。

▌绘制出弧线后，在不松开鼠标左键的情况下，同时按住Alt键并拖曳鼠标指针，能将弧线向两端延伸，如图3-7所示。

▌绘制出弧线后，在不松开鼠标左键的情况下，同时按住Shift键并拖曳鼠标指针，能将弧线以45°的角度延伸，如图3-8所示。

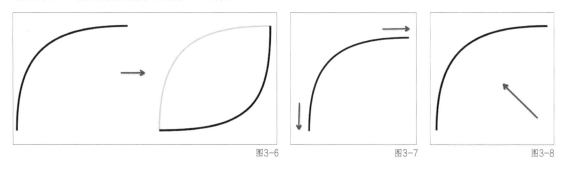

图3-6　　　　　　　　　图3-7　　　　　　　　图3-8

2. 使用对话框精确绘制弧线

选择弧形工具，在画板空白处单击，打开"弧线段工具选项"对话框，可以设置弧线的参数，如图3-9所示。

"弧线段工具选项"对话框中各参数的详细含义如下。

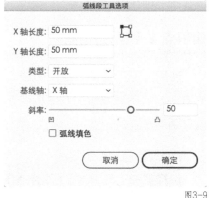

图3-9

▌"X轴长度"与"Y轴长度"可以设置弧线的宽度与高度。

▌"类型"可以设置开放路径或闭合路径。

▌"基线轴"可以指定弧线的方向，根据需要绘制弧线基线的方向选择x轴或y轴。

▌"斜率"可以设置弧线的弯曲度。凹下斜率为负值，凸起斜率为正值，斜率为0将创建直线。

▌勾选"弧线填色"复选框后，可以将当前填充色的颜色填充到弧线。

知识点3 螺旋线的绘制

使用螺旋线工具可以绘制螺旋线。螺旋线的绘制方法与弧线的绘制方法相似，主要包含以下两种方式。

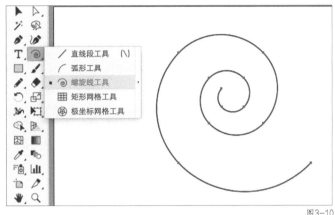

图3-10

1. 使用鼠标直接绘制螺旋线

选择螺旋线工具，将鼠标指针移动到画板，按下鼠标左键确定螺旋线的起始点，然后拖曳鼠标指针绘制想要的大小后松开鼠标，即可绘制一条螺旋线，如图3-10所示。

使用鼠标直接绘制螺旋线的技巧如下。

▍拖曳出螺旋线后不松开鼠标左键，同时按↑键，可以增加螺旋线的圈数；反之，如果按↓键，可以减少螺旋线的圈数，如图3-11所示。

▍拖曳出螺旋线后不松开鼠标左键，同时按R键，能将螺旋线转换为镜像螺旋线，如图3-12所示。

▍拖曳出螺旋线后不松开鼠标左键，同时按住Ctrl键，向圆心方向拖曳鼠标指针可以将螺旋线调节得更密集，如果向外方向拖曳鼠标指针可以将螺旋线调节得更稀疏，如图3-13所示。

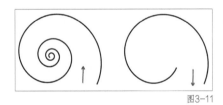

图3-11

图3-12

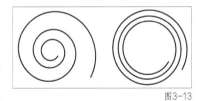

图3-13

2. 使用对话框精确绘制螺旋线

选择螺旋线工具，在画板空白处单击，打开"螺旋线"对话框，可以设置螺旋线的参数，如图3-14所示。

"螺旋线"对话框中各参数的详细含义如下。

▍"半径"可以设置螺旋线中心到螺旋线最外点的距离。

▍"衰减"可以设置螺旋线中每一圈螺旋线相对于上一圈螺旋线的密度量。

▍"段数"可以设置螺旋线的段数，每一圈完整的螺旋线由4条线段组成。

图3-14

▌"样式"可以设置螺旋线的方向。

知识点 4 矩形网格的绘制

使用矩形网格工具可以通过指定数目的分割线制作矩形网格，绘制方法主要包括以下两种。

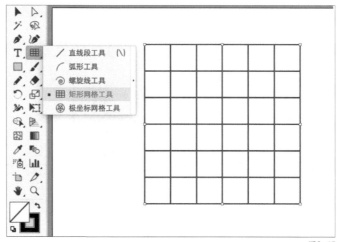

1. 使用鼠标直接绘制矩形网格

选择矩形网格工具，将鼠标指针移动到画板，按下鼠标左键确定矩形网格的起始点，然后拖曳鼠标指针绘制想要的大小后松开鼠标，即可绘制出矩形网格，如图3-15所示。

使用鼠标直接绘制矩形网格的技巧如下。

图3-15

▌拖曳出矩形网格后不松开鼠标左键，同时按↑键，可以增加水平方向的矩形网格数量；反之，如果按↓键，可以减少水平方向的矩形网格数量，如图3-16所示。

▌拖曳出矩形网格后不松开鼠标左键，同时按→键，可以增加垂直方向的矩形网格数量；反之，如果按←键，可以减少垂直方向的矩形网格数量，如图3-17所示。

▌拖曳出矩形网格后不松开鼠标左键，同时按住Shift键，可以绘制正方形矩形网格，如图3-18所示。

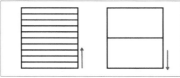
图3-16

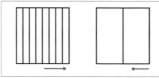
图3-17

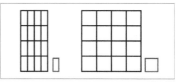
图3-18

▌在绘制矩形网格时，按X键，每按一下可以使每列网格向左侧网格缩近10%的间距。按C键，每按一下可以使每列网格向右侧网格缩近10%的间距，如图3-19所示。

▌在绘制矩形网格时，按F键，每按一下可以使每行网格向下侧网格缩近10%的间距。按V键，每按一下可以使每行网格向上侧网格缩近10%的间距，如图3-20所示。

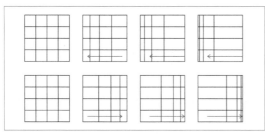
图3-19

图3-20

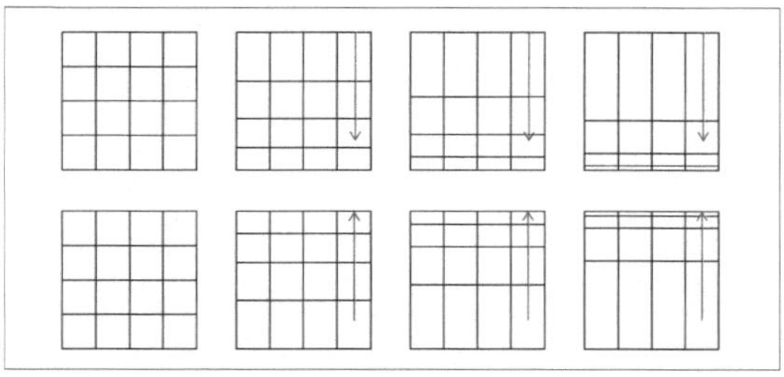

2. 使用对话框精确绘制矩形网格

选择矩形网格工具，在画板空白处单击，打开"矩形网格工具选项"对话框，可以设置矩形网格的参数，如图3-21所示。

"矩形网格工具选项"对话框中各参数的详细含义如下。

▌ "默认大小"可以设置整个网格的宽度和高度。

▌ "水平分隔线"可以设置水平方向矩形网格分隔线，分隔线的数量决定网格的数量，倾斜值决定水平分隔线的倾向。

▌ "垂直分隔线"可以设置垂直方向矩形网格分隔线，分隔线的数量决定网格的数量，倾斜值决定垂直分隔线的倾斜方向。

▌ 勾选"使用外部矩形作为框架"复选框，网格外框是一个整体框架；若不勾选该复选框，网格的顶部、底部、左侧和右侧线段都由独立线段构成。

▌ 勾选"填色网格"复选框，可以将当前填充色的颜色填充到矩形网格中。

知识点5 极坐标网格的绘制

使用极坐标网格工具可以通过指定数目的分隔线制作同心圆网格，绘制方法主要包括以下两种。

1. 使用鼠标直接绘制极坐标网格

选择极坐标网格工具，将鼠标指针移动到画板，按下鼠标左键确定极坐标网格的起始点，然后拖曳鼠标指针绘制想要的大小后松开鼠标，即可绘制出极坐标网格，如图3-22所示。

图3-21　　　　　　　　　　　　　　　　　　　　　　　　　图3-22

使用鼠标直接绘制极坐标网格的技巧如下。

▌ 拖曳出极坐标网格后不松开鼠标左键，同时按↑键，可以增加同心圆分隔线数量；反之，如果按↓键，可以减少同心圆分隔线数量，如图3-23所示。

▌ 拖曳出极坐标网格后不松开鼠标左键，同时按→键，可以增加径向分隔线数量；反之，如果按←键，可以减少径向分隔线数量，如图3-24所示。

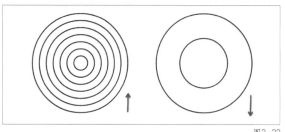

图3-23

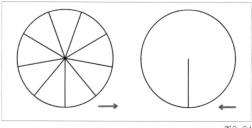

图3-24

2. 使用对话框精确绘制极坐标网格

选择极坐标网格工具，在画板空白处单击，打开"极坐标网格工具选项"对话框，可设置极坐标网格的参数，如图3-25所示。

"极坐标网格工具选项"对话框中各参数的详细含义如下。

▌"默认大小"可以设置整个极坐标网格的宽度和高度。

▌"同心圆分隔线"可以设置同心圆分隔线，分隔线的数量决定网格的数量，倾斜值决定同心圆分隔线的倾斜方向。

▌"径向分隔线"可以设置径向分隔线，分隔线的数量决定网格的数量，倾斜值决定径向分隔线的倾斜方向。

▌勾选"从椭圆形创建复合路径"复选框，可以将同心圆转换为独立复合路径，并每隔一个圆填色。

▌勾选"填色网格"复选框，可以将当前填充色的颜色填充到极坐标网格中。

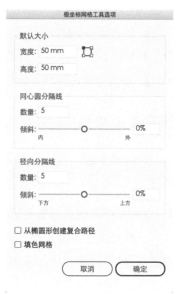

图3-25

第2节　基本图形的绘制

在Illustrator 2020中，除了有绘制基本线条的工具和命令外，还有绘制基本图形的工具和命令。如果需要绘制矩形、圆形、多边形等图形，需要掌握基本绘图工具的使用方法。本节将讲解基本图形的绘制方法。

知识点 1　矩形的绘制

使用矩形工具可以绘制各种矩形。绘制矩形的方法有以下两种。

1. 使用鼠标直接绘制矩形

选择矩形工具，将鼠标指针移动到画板，按下鼠标指针左键确定矩形的起始点，然后拖曳鼠标指针绘制想要的矩形后松开鼠标，即可绘制出矩形，如图3-26所示。

使用鼠标直接绘制矩形的技巧如下。

▌ 在绘制时，拖曳出矩形后不松开鼠标左键，同时按住Shift键，可以绘制正方形，如图3-27所示。

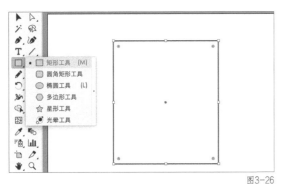
图3-26

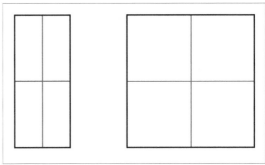
图3-27

▌ 在绘制时，若按住Alt键，将以定点的位置为中心向四周延伸绘制矩形；若按住快捷键Alt+Shift，将同时绘制以定点为中心向四周延伸的正方形。在不松开鼠标左键的情况下，同时按空格键，可以移动正在绘制的图形。

2. 使用对话框精确绘制矩形

选择矩形工具，在画板空白处单击，打开"矩形"对话框，可以设置矩形的宽度和高度，如图3-28所示。

图3-28

知识点 2 椭圆形（圆形）的绘制

使用椭圆工具可以绘制椭圆形和圆形，其绘制方法与绘制矩形的方法相似。

1. 使用鼠标直接绘制椭圆形

选择椭圆工具，将鼠标指针移动到画板，按下鼠标左键确定椭圆形的起始点，然后拖曳鼠标指针绘制想要的椭圆形后松开鼠标，即可绘制出椭圆形，如图3-29所示。

使用鼠标直接绘制椭圆形的技巧如下。

▌ 在绘制时，拖曳出椭圆形后不松开鼠标左键，同时按住Shift键，可以绘制圆形，如图3-30所示。

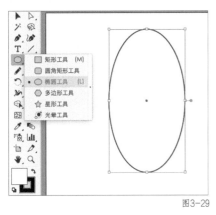
图3-29

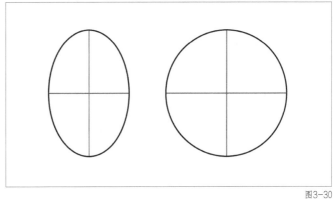
图3-30

▌ 在绘制时，若按住Alt键，将以定点的位置为中心向四周延伸绘制椭圆形；若按住快捷键 Alt+Shift，将同时绘制以定点为中心向四周延伸的圆形。

▌ 在绘制时，在不松开鼠标左键的情况下，同时按空格键，可以移动正在绘制的图形。

2. 使用对话框精确绘制椭圆形

选择椭圆工具，在画板空白处单击，打开"椭圆"对话框，可以设置椭圆形的宽度和高度，如图3-31所示。

图3-31

知识点 3　多边形的绘制

使用多边形工具可以绘制多边形，其绘制方法与绘制矩形的方法相似。

1. 使用鼠标直接绘制多边形

选择多边形工具，将鼠标指针移动到画板，按下鼠标左键确定矩形的起始点，然后拖曳鼠标指针绘制想要的多边形后松开鼠标，即可绘制出多边形，如图3-32所示。

使用鼠标直接绘制多边形的技巧如下。

▌ 在绘制时，拖曳出多边形后不松开鼠标左键，同时按住 Shift 键，所绘制出的多边形底部的边呈现水平状态，即为正多边形，如图3-33所示。

▌ 在绘制时，拖曳出多边形后不松开鼠标左键，同时按↑键，将增加所绘制多边形的边数；反之，如果按↓键，将减少所绘制多边形的边数，边数最少为3条边，如图3-34所示。

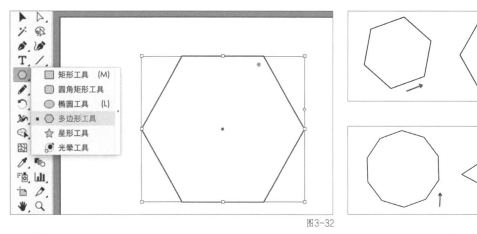

图3-32

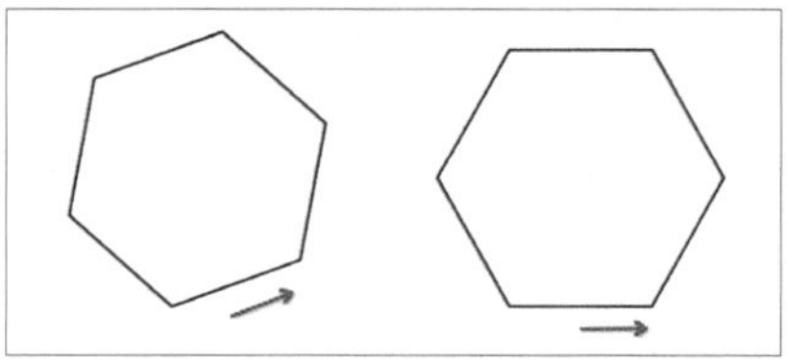

图3-33

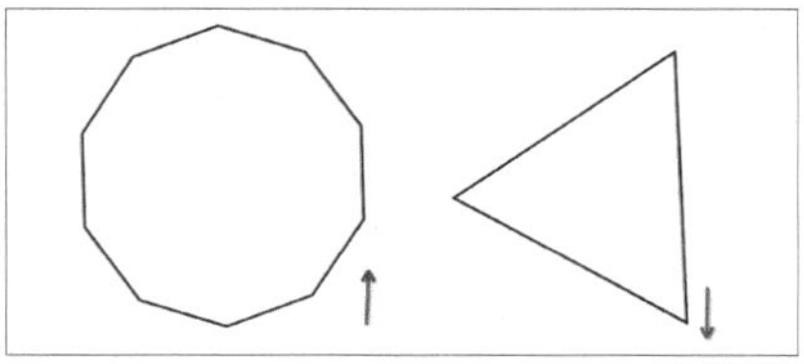

图3-34

▌ 在绘制时，在不松开鼠标左键的情况下，同时按空格键，可以移动正在绘制的图形。

2. 使用对话框精确绘制多边形

选择多边形工具，在画板空白处单击，打开"多边形"对话框，可以设置多边形的半径和边数，如图3-35所示。

图3-35

知识点 4　星形的绘制

使用星形工具可以绘制星形，其绘制方法与绘制多边形的方法相似。

1. 使用鼠标直接绘制星形

选择星形工具，将鼠标指针移动到画板，按下鼠标左键确定星形的起始点，然后拖曳鼠标指针绘制想要的星形后松开鼠标，即可绘制出星形，如图3-36所示。

使用鼠标直接绘制星形的技巧如下。

▌在绘制时，拖曳出星形后不松开鼠标左键，同时按↑键，将增加所绘制星形的边数；反之，如果按↓键，将减少所绘制星形的边数，边数最少为3条边，如图3-37所示。

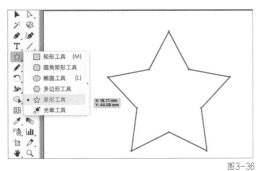

图3-36

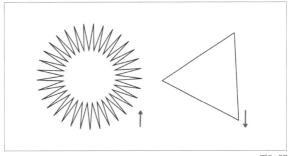

图3-37

▌在绘制时，在不松开鼠标左键的情况下，同时按Ctrl键，可以调节星形的内角大小，如图3-38所示。

2. 使用对话框精确绘制星形

选择星形工具，在画板空白处单击，打开"星形"对话框，可以设置星形的半径1、半径2和角点数，如图3-39所示。

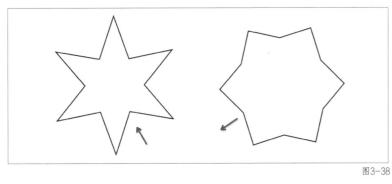

图3-38

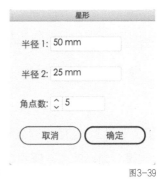

图3-39

"星形"对话框中各参数的详细含义如下。

▌"半径1"可以设置从星形中心到星形最内点的距离。

▌"半径2"可以设置从星形中心到星形最外点的距离。

▌"角点数"可以设置星形角的数量，例如设置角点数为5，所绘制的图形为五角星形。

第3节 路径与锚点

路径由绘图工具绘制而成，由一条或多条线段组成，是Illustrator 2020中最基本的元素。路径可以是无色的线条，也可以设置填充颜色和描边颜色。

选择一条路径后，路径上的锚点就会出现。一条路径至少有两个锚点，分别是起始点和结束点。锚点可以控制路径的结构方向。

知识点 1　路径的分类

路径主要分为开放路径、闭合路径和复合路径3种类型，如图3-40所示。

▇ "开放路径"指路径两端互不连接，有起始点与结束点，如使用钢笔工具、铅笔工具绘制的简单线段。

▇ "闭合路径"指路径的起始点与结束点相连，形成封闭状态，如使用形状工具创建的形状。

▇ "复合路径"指两个或两个以上的开放或封闭路径所组成的路径。复合路径建立后，路径间重叠的区域将呈镂空、透明状态。

知识点 2　锚点的分类

路径上的锚点主要分为平滑点、直角点、曲线角点和复合角点4类。

▇ "平滑点"指有一条曲线路径平滑地通过这个锚点，形成左右两条区域平衡的方向线。

调节平滑点一侧的手柄，会对另一侧产生影响，如图3-41所示。

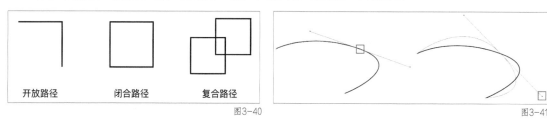

图3-40　　　　　　　　　　　　　　　　　　　　图3-41

▇ "直角点"指两条直线段顶点相交的点，这种锚点两侧没有控制手柄，常用于直线段的直角表现上，如图3-42所示。

▇ "曲线角点"指锚点两侧有控制手柄。使用锚点工具可以调节单侧手柄，不会对另一侧产生影响，如图3-43所示。

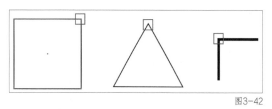

图3-42

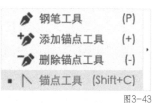

图3-43

▇ "复合角点"指直线段和曲线段相交的锚点，锚点一侧为直线，无控制手柄，另一侧为曲线，有控制手柄，如图3-44所示。

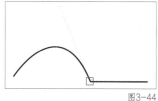

图3-44

第4节 铅笔工具

使用铅笔工具可以自由地绘制路径线，并可以配合平滑工具或路径橡皮工具等工具编辑路径。

知识点 1 铅笔工具的使用

使用铅笔工具可以绘制任意的路径线，绘制出的路径为一条单一的路径。

选择铅笔工具，将鼠标指针移动到画板，按下鼠标左键确定线段的起始点，然后拖曳鼠标指针绘制想要的路径线后松开鼠标，即可绘制出路径线，如图3-45所示。

双击"铅笔工具"按钮，打开"铅笔工具选项"对话框，可以设置铅笔的参数，如图3-46所示。

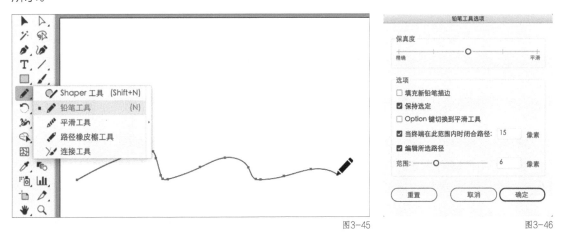

图3-45   图3-46

"铅笔工具选项"对话框中各参数的详细含义如下。

▌拖曳"保真度"滑块可以设置所绘制路径的平滑度。滑块越靠近"精确"，路径线边角越锐利，锚点数多；滑块越靠近"平滑"，路径线边角越平滑，锚点数少。

▌勾选"填充新铅笔描边"复选框，可以将填充与描边的色彩赋予到新绘制的路径线上；如不勾选此复选框，则不使用任何填充。

▌勾选"保持选定"复选框，可以保持绘制的最后一条路径为选定状态。如不勾选此复选框，每次绘制的新路径都会自动取消选定状态。

▌勾选"Option键切换到平滑工具"复选框，在使用铅笔工具绘制路径时，按Alt键可以临时切换到平滑工具。

▌勾选"当终端在此范围内时闭合路径"复选框，可以设置路径闭合的范围像素值。如果路径起始点和结束点需要自动闭合，两点必须在设置的像素值内。

▌勾选"编辑所选路径"复选框，可以设置编辑路径所需的范围值。

知识点 2 平滑工具的使用

使用平滑工具可以编辑绘制的路径线，让路径线的平滑度提高，同时减少路径上的锚点。

在画板中选择需要编辑的路径线，使用平滑工具，在需要调节的地方拖曳鼠标指针，可以平滑线条，如图3-47所示。

双击"平滑工具"按钮，打开"平滑工具选项"对话框，可以设置平滑工具的参数，如图3-48所示。

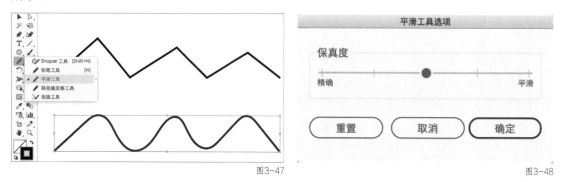

图3-47　　　　　　　　　　　　　　　　　　　图3-48

拖曳"保真度"滑块可以设置所绘制路径的平滑度。滑块越靠近"精确"，路径线边角越锐利，锚点数多；滑块越靠近"平滑"，路径线边角越平滑，锚点数少。

知识点3　路径橡皮擦工具的使用

使用路径橡皮擦工具可以编辑绘制的路径线，其擦除过的路径是开放的。

在画板中选择需要编辑的路径线，使用路径橡皮擦工具，拖曳鼠标指针涂抹需要删除的路径线，即可将不需要的路径线删除，如图3-49所示。

> 提示　路径橡皮擦工具与橡皮擦工具的区别如下。
>
> 路径橡皮擦工具擦除过的路径是开放状态，而橡皮擦工具擦除过的路径是闭合状态。
>
> 路径橡皮擦工具的参数是固定的，不能调节设置。而橡皮擦工具可以调节橡皮擦的角度、圆度、大小等参数，如图3-50所示。

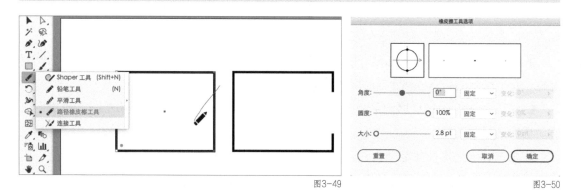

图3-49　　　　　　　　　　　　　　　　　　　图3-50

知识点4　连接工具的使用

使用连接工具可去除两条交叉的路径线顶端超出的部分，将其顶角合并成一个锚点。

在画板中选择需要编辑的路径线，使用连接工具，拖曳鼠标指针涂抹交叉处，即可将多余的部分删除，将原有路径端点合并，如图3-51所示。

知识点5 Shaper 工具的使用

使用Shaper工具可以将手绘的形状转化为几何形状，如图3-52所示。使用Shaper工具将这些形状合并、删除或移动，还可以创建出复杂而美观的图形，并且转换的图形能够保留可编辑的功能。

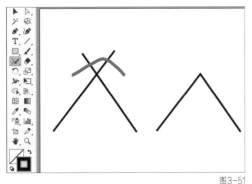
图3-51

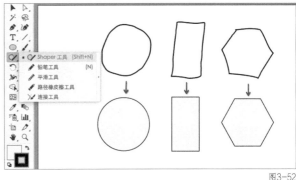
图3-52

使用Shaper工具的技巧如下。

▌使用Shaper工具在重叠形状之间进行涂抹，即可将两个形状合并，如图3-53所示。

▌使用Shaper工具在重叠区域内部进行涂抹，即可删除重叠区域，如图3-54所示。

▌使用Shaper工具在形状任意区域与外部之间涂抹，即可删除该区域，如图3-55所示。

图3-53

图3-54

图3-55

使用Shaper工具绘制形状组后，单击合并的形状组，再单击形状，即可选择想要上色的区域，如图3-56所示。如果直接双击形状，则可以修改形状的外观，如图3-57所示。

图3-56

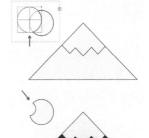
图3-57

第5节 钢笔工具

在 Illustrator 2020中，除了基本的形状绘制工具，钢笔工具也是创建路径的常用工具。它可以绘制任意开放路径或闭合路径，还可以对路径进行编辑。

知识点 1 直线段的绘制

使用钢笔工具可以绘制任意直线段路径，其转折锚点不带有弯曲弧度效果。

选择钢笔工具，将鼠标指针移动到画板，单击确定线段的起始点，然后移动鼠标指针到画板的任意位置作为终点，再次单击即可绘制一条直线段路径线，如图3-58所示。

知识点 2 曲线段的绘制

使用钢笔工具可以绘制任意曲线段路径，其转折锚点带有弯曲弧度效果。

选择钢笔工具，将鼠标指针移动到画板，单击确定线段的起始点，然后移动鼠标指针到画板的任意位置作为终点，再次单击后按住并拖曳鼠标指针，即可绘制一条曲线段路径线，如图3-59所示。

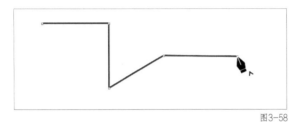
图3-58

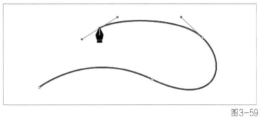
图3-59

知识点 3 锚点的添加与删除

使用添加锚点工具和删除锚点工具可以编辑路径线的锚点，包括添加或删除锚点。

选择添加锚点工具，将鼠标指针移动到需要添加锚点的路径线上，出现添加状态钢笔图标后，单击即可在路径线上添加锚点，如图3-60所示。

选择删除锚点工具，将鼠标指针移动需要删除的锚点上，出现删除状态钢笔图标后，单击即可将此锚点从路径线上删除，如图3-61所示。

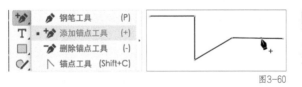
图3-60

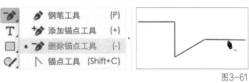
图3-61

使用钢笔工具绘制的技巧如下。

▌ 在使用钢笔工具绘制时，将鼠标指针移动到要添加锚点或删除锚点的位置，待钢笔的状态呈现为添加或删除的状态后，也可以直接添加锚点或删除锚点。

▌ 在使用钢笔工具绘制时，如果想要结束绘制状态，可以按回车键。

第6节 综合应用

使用基础形状可制作MBE风格图标，如图3-62所示。其详细操作步骤如下。

（1）执行"文件－新建"命令，或按快捷键Ctrl+N，打开"新建文档"对话框，设置文件尺寸为500px×500px，画板为1，颜色模式为RGB，分辨率为72ppi，如图3-63所示。

（2）使用圆角矩形工具和椭圆形工具绘制基础形状，如图3-64所示。

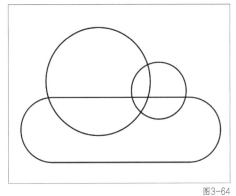

图3-62　　　　　　　　　　　图3-63　　　　　　　　　　　　　　　　　　图3-64

（3）选择绘制好的形状，执行"窗口－路径查找器"命令，在打开的"路径查找器"面板中，单击"联集"按钮制作出云朵的效果，如图3-65所示。

（4）选择联集后的形状，执行"窗口－描边"命令，在打开的"描边"面板中，将描边粗细设置成5pt，如图3-66所示。

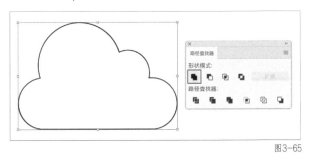

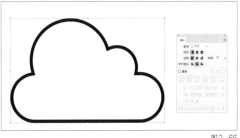

图3-65　　　　　　　　　　　　　　　　　　　　　　　图3-66

（5）选择联集后的形状，按快捷键Ctrl+C进行复制，再按快捷键Ctrl+B，进行原位在后粘贴，并对新复制的形状填充颜色，如图3-67所示。

（6）调节复制出的形状的位置和大小，如图3-68所示。

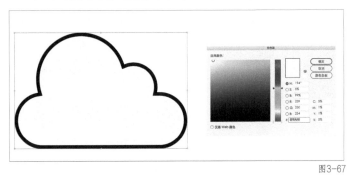

图3-67　　　　　　　　　　　　　　　　　　　　　　　图3-68

（7）选择新复制的形状，按快捷键Ctrl+C进行复制，再按快捷键Ctrl+B，进行原位在后粘贴，最后对新复制的形状填充颜色，并调节形状的位置和大小，如图3-69所示。

（8）使用椭圆形工具绘制圆形，并执行"窗口－描边"命令，在打开的"描边"面板中，将描边粗细设置成5pt，如图3-70所示。

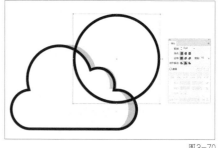

图3-69　　　　　　　　　　　　　　　　　　　　　图3-70

（9）选择绘制的圆形，执行"对象－排列－置于底层"命令，或按快捷键Ctrl+Shift+[，将圆形置于底层，如图3-71所示。

选择绘制的圆形，按快捷键Ctrl+C复制，再按快捷键Ctrl+B，进行原位在后粘贴，并给新复制的形状填充颜色，并调节圆形的位置和大小，如图3-72所示。

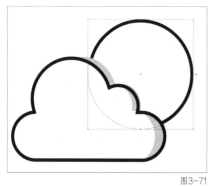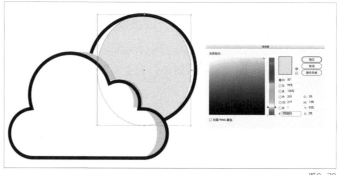

图3-71　　　　　　　　　　　　　　　　　　　　　图3-72

（10）选择新复制的圆形，按快捷键 Ctrl+C复制，再按快捷键Ctrl+B，进行原位在后粘贴，最后对复制的形状填充颜色，并调节圆形的位置和大小，如图3-73所示。

（11）使用工具箱中的剪刀工具，或按快捷键C，在黑色路径线上多次单击，制作缺口效果，如图3-74所示。

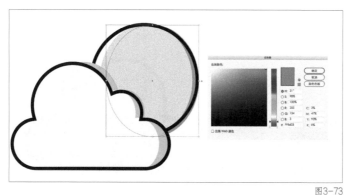

图3-73　　　　　　　　　　　　　　　　　　　　　图3-74

（12）选择黑色路径线，执行"窗口－描边"命令，在打开的"描边"面板中，将描边端点设置成圆头端点，如图3-75所示。

（13）继续使用形状工具或钢笔工具绘制装饰图形，如图3-76所示。

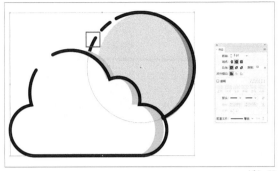

图3-75

图3-76

本课练习题

1. 填空题

（1）使用多边形工具或星形工具绘制图形时，最少可以绘制的边数是＿＿＿＿＿条？

（2）在绘制矩形的过程中，按住＿＿＿＿＿键，可以使绘制的矩形变成正方形。

（3）路径主要分为开放路径、闭合路径和＿＿＿＿＿3种类型。

参考答案:（1）3;（2）Shift;（3）复合路径。

2. 选择题

（1）下列哪个不是钢笔工具组中的工具？（　　　）

A. 增加锚点工具　B. 锚点工具　　　　　　C. 添加锚点工具　　　　D. 删除锚点工具

（2）使用钢笔工具可绘制开放路径，若要终止此开放路径，下列哪些操作是正确的？

（　　　）

A. 在工具箱中单击任何一个工具　　　　　B. 在路径外任何一处单击

C. 执行"选择–取消选择"命令　　　　　　D. 在路径外任何一处双击

（3）下列关于铅笔工具的描述，哪些是不正确的？（　　　）

A. 在使用铅笔工具的过程中，配合 Ctrl 键就可以绘制封闭的路径

B. 铅笔工具不可以绘制封闭路径

C. 在使用铅笔工具绘制路径的过程中，当终点和起点重合的时候，路径会自动封闭

D. 以上都不正确

（4）下列关于开放路径和闭合路径描述正确的是？（　　　）

A. 开放路径不可以进行填充

B. 开放路径可以填充颜色，不能填充图案

C. 闭合路径可以填充颜色、图案和渐变色

D. 如果要给开放路径填充颜色，必须将开放路径转变为闭合路径

参考答案:（1）A;（2）A、C;（3）D;（4）C。

3. 操作题

（1）请根据图3-77完成相机图标的绘制。

操作题要点提示

为了保证图形之间的圆心统一，在绘制图形时可按住Alt键沿中心向四周绘制图形。

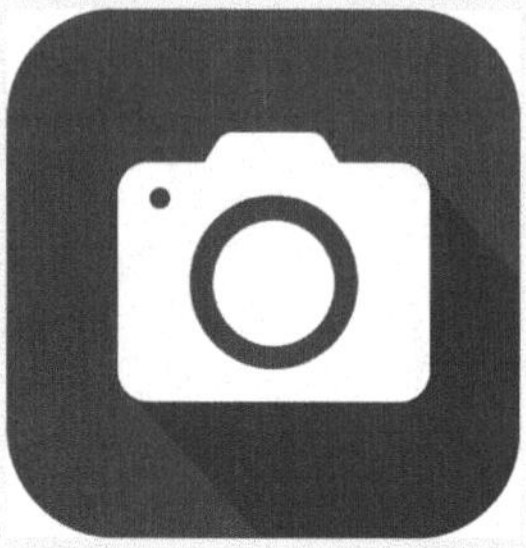

图3-77

（2）请根据图3-78完成飞镖盘的绘制。

操作题要点提示

① 使用极坐标网格工具绘制网格底盘。

② 调整网格分布间距，并添加网格颜色（可以尝试使用实时上色工具）。

③ 使用文本工具，添加周围文字。

图3-78

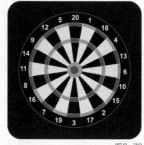

第 **4** 课

色彩的运用

在Illustrator 2020中不光可以建立图形，也可以对图形进行颜色填充，实现更为丰富的色彩效果。常用的填充形式有纯色填充、渐变填充和图案填充等。通过本课的学习，读者可以掌握色彩的编辑。

本课知识要点
- ◆ 色彩的模式
- ◆ 单色填充和渐变填充
- ◆ 网格渐变填充
- ◆ 实时上色填充

第1节 色彩的模式

　　要正确地使用颜色，首先需要了解颜色模式的相关知识。在制作前，需明确图片的具体应用场景，以便能够正确选择相应的颜色模式来定义颜色。例如，用于屏幕显示的图片，其颜色模式需设置为RGB模式；用于印刷输出的图片，其颜色模式需设置为CMYK模式。

知识点 1 RGB 颜色模式

　　RGB颜色模式是以光的三原色为基础建立的。RGB图像只使用3种颜色，分别是R(red)、G(green)、B(blue)，叠加混合出各种各样的色彩，常用于电子屏幕终端显示，如图4-1所示。

知识点 2 CMYK 颜色模式

　　CMYK是一种专门用于印刷输出的颜色模式。CMYK代表印刷中使用的4种颜色，C代表青色（Cyan），M代表洋红色（Magenta），Y代表黄色（Yellow），K代表黑色（Black），如图4-2所示。在实际应用中，青色、洋红色和黄色很难叠加形成真正的黑色，因此引入了黑色。黑色的作用是强化暗调，加深暗部色彩。

知识点 3 颜色的色域

　　在Illustrator 2020中，RGB颜色模式和CMYK颜色模式所能显示的颜色数量及范围各不相同。一般显示器颜色（RGB）比印刷品颜色（CMYK）鲜艳明亮，是因为RGB颜色模式比CMYK颜色模式能够呈现更广阔的色域，也可以理解为显示器上呈现的很多鲜亮的颜色是油墨印刷品无法表现的，如图4-3所示。

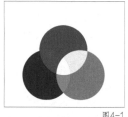

图4-1

RGB模式　　　　CMYK模式

图4-2　　　　　　　　　　　　　　　　　图4-3

　　使用CMYK颜色模式进行创作时，在拾色器中选择颜色，如果当前颜色超出了CMYK系统的色域范围，就会有色域警告框弹出。单击警告三角图标，系统会自动选择一个最接近当前颜色，又在CMYK色域内的打印安全色，如图4-4所示。

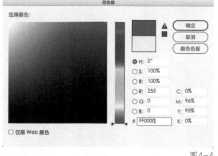

图4-4

第2节 单色填充

单色填充是指使用一种色彩对选定的形状内部添加纯色。单色填充可以针对开放路径或封闭的图形，以及实时上色组的表面。填充颜色主要有使用工具箱、控制栏、"颜色"面板、"色板"面板4种方法。

知识点1 使用工具箱设置填色与描边

使用工具箱的填充按钮为对象设置颜色是最为常见的一种颜色填充方法。下面将详细讲解图4-5所示的工具箱中参数的详细含义及使用方法。

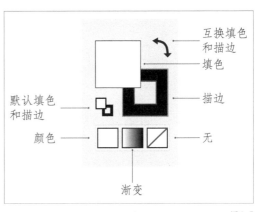

图4-5

1. 填色

在默认状态下，"填色"按钮的颜色是白色。双击"填色"按钮，打开"拾色器"对话框，可设置对象的填充颜色，如图4-6所示。

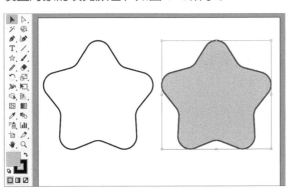

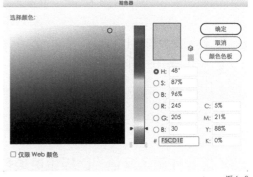

图4-6

2. 描边

在默认状态下，"描边"按钮的颜色是黑色。双击"描边"按钮，打开"拾色器"对话框，可设置对象的描边颜色，如图4-7所示。

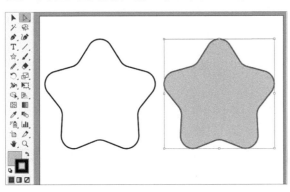

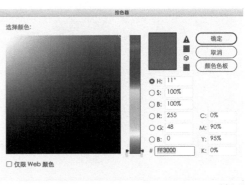

图4-7

3．默认填色和描边

单击"默认填色和描边"按钮，可将填色的颜色恢复为白色，将描边的颜色恢复为黑色，如图4-8所示。

4．互换填色和描边

单击"互换填色和描边"按钮，可将填色的颜色与描边的颜色进行互换，如图4-9所示。

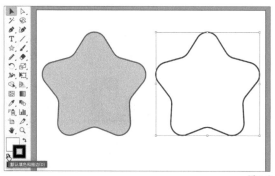

图4-8

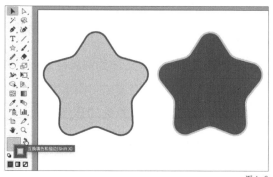

图4-9

5．填充模式切换

使用填充模式切换按钮可对当前的颜色填充类型进行切换，有3种类型可选择，分别为颜色、渐变和无，如图4-10所示。

"工具"面板填色和描边的快捷键使用技巧如下。

▌ 按X键，可以切换填色或描边的上下叠压位置，即切换当前编辑色。

▌ 按快捷键Shift+X，可以互换填色与描边的色彩。

▌ 按D键，可以还原默认填色与描边状态。

▌ 按/键，可以将当前填色或描边的色彩设置为无。

知识点 2 使用"颜色"面板设置填色与描边

在"颜色"面板中可以对填充颜色和描边颜色进行设置。执行"窗口－颜色"命令，可以打开"颜色"面板，如图4-11所示。

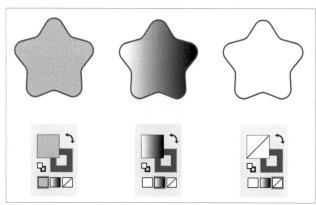

图4-10

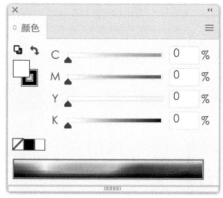

图4-11

使用"颜色"面板调节颜色的方法有以下3种。

▍ 在"颜色"面板中双击"填色"或"描边"按钮，打开"拾色器"对话框，可以设置填色的颜色或描边的颜色。

▍ 单击"颜色"面板中的"填色"或"描边"按钮，可拖曳颜色滑块调整颜色，如图4-12所示。

▍ 单击"颜色"面板中的"填色"或"描边"按钮，可在颜色条中吸取颜色作为填充或描边颜色，如图4-13所示。

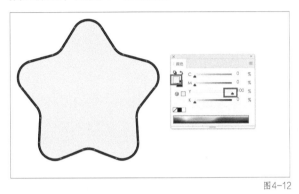
图4-12

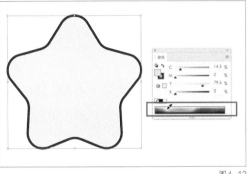
图4-13

单击"颜色"面板右上角按钮，可以打开面板菜单，在其中可以切换不同的色彩模式，如图4-14所示。

面板菜单中各命令的详细含义如下。

▍ 执行"灰度""RGB""HSB""CMYK""Web安全RGB"等命令可以切换到对应的颜色模式，以适应不同的工作需求。

▍ 执行"反相"和"补色"这两个命令可以将当前填充或描边颜色替换为反相色或补色。

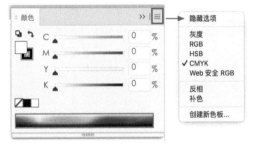
图4-14

▍ 执行"创建新色板"命令可以将当前正在编辑的颜色定义为固定的样本，并存储在色板之中，如图4-15所示。

知识点3 使用"色板"面板设置填色与描边

在"色板"面板中可以对填充颜色和描边颜色进行设置。执行"窗口-色板"命令，可以打开"色板"面板，如图4-16所示。单击色块排列按钮可切换色块排列模式，如图4-17所示。

在"色板"面板中存储了多种颜色样本、渐变样本、图案样本和颜色组，同时，在色板库中还存储了大量的颜色样本、渐变样本、图案样本以适应不同的绘制需求。设置填充颜色和描边颜色时，直接在该面板中单击需要的颜色样本即可。

使用面板底部的命令按钮，可以实现载入色板库样本、改变面板显示状态、查看颜色选项、新建或删除样本等操作。

图4-15　　　　　　　　　　　　　图4-16

1. 色板库菜单

色板库中预设了大量的样本，可以通过这些样本快速进行色彩的编辑。样本以不同的颜色、渐变、图案进行分类，单击需要的分类可以打开样本色板，并且可以通过单击色块实现填充效果，如图4-18所示。

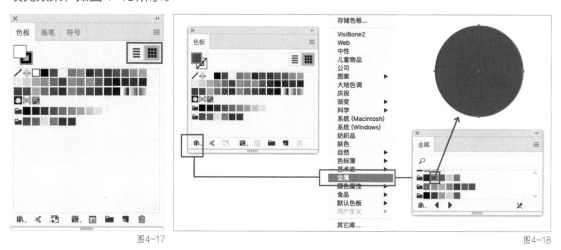

图4-17　　　　　　　　　　　　　图4-18

2. 色板类型菜单

该菜单可以控制面板显示样本的类别，执行该菜单下的命令可以设置单独显示"颜色"色板、"渐变"色板、"图案"色板或颜色组，如图4-19所示。

3. 色板选项

选择一个色块后，单击"色板选项"按钮，打开"色板选项"对话框，可以对颜色属性进行调节，如图4-20所示。

"色板选项"对话框中各参数的详细含义如下。

▋ 色板名称：可以自定义颜色名称，默认以色值命名该色彩。

▋ 颜色类型：分为印刷色和专色，印刷色用于四色印刷，专色用于特殊印刷工艺。

▋ 颜色模式：分为灰度、RGB、HSB、CMYK、Lab、Web安全RGB。

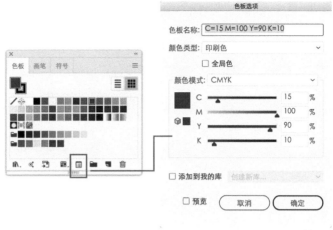

图4-19 图4-20

4. 新建颜色组

单击"新建颜色组"按钮,打开"新建颜色组"对话框,可创建新的颜色组,如图4-21所示。

5. 新建色板

选择形状后单击"新建色板"按钮,可以将当前选中的形状填充颜色定义为新的样本,同时添加到"色板"面板中,如图4-22所示。

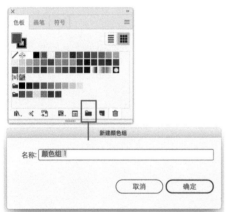

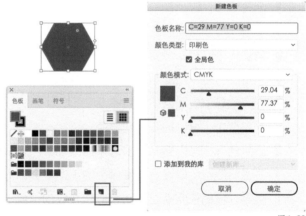

图4-21 图4-22

6. 删除色板

选择色板中的颜色后单击"删除色板"按钮,在删除提示对话框中单击"是"按钮即可删除该颜色,如图4-23所示。

第3节 渐变填充

在Illustrator 2020中可以通过多种方法实现渐变效果,如使用工具箱中的"渐变填色"按钮,以及使用"渐变"面板和色板中的渐变样本等。

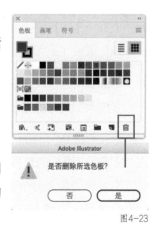

图4-23

知识点 1 认识"渐变"面板

在 Illustrator 2020 中可以创建 3 种类型的渐变:一是线性渐变,二是径向渐变,三是任意形状渐变。这 3 种渐变类型的切换都可以通过"渐变"面板来控制,如图 4-24 所示。

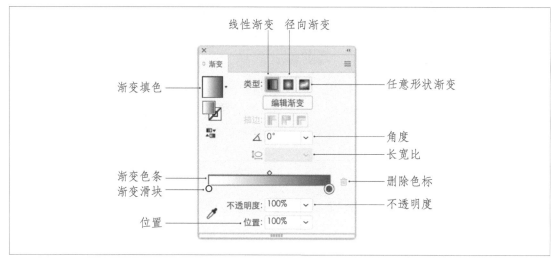

图4-24

"渐变"面板对话框中参数的详细含义如下。

▌ 渐变填色:显示当前渐变状态,单击右侧下拉按钮,可为对象填充其他预设渐变。

▌ 类型:可以改变渐变类型,包括线性渐变、径向渐变和任意形状渐变 3 个选项。

▌ 角度:可以控制渐变的方向,取值范围是 -180°~180°。

▌ 长宽比:可以控制渐变的长宽比例。

▌ 渐变色条:显示当前设置的渐变颜色。

▌ 渐变滑块:可以控制渐变颜色。

▌ 删除色标:可以删除当前选中的色标。

▌ 不透明度:可以设置渐变颜色的不透明度。

▌ 位置:精确控制渐变滑块或偏移滑块的位置。

知识点 2 线性渐变填充

线性渐变是指两种或多种不同颜色在同一条直线上逐渐过渡,如图 4-25 所示。

1. 设置颜色

双击渐变条上的渐变滑块,可以在打开的"颜色"面板中设置渐变滑块的颜色,如图 4-26 所示。

2. 编辑渐变滑块的位置

拖曳渐变条上的渐变滑块,可以设置渐变滑块的位置,拖曳滑块可以设置两个渐变色之间的混合效果,如图 4-27 所示。

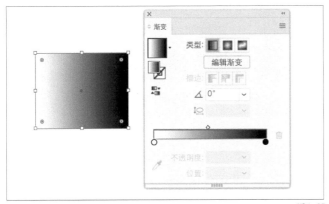
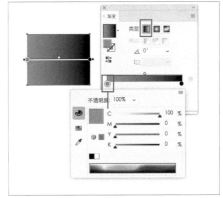

图4-25 图4-26

3. 编辑渐变色的方向

在"渐变"面板的"角度"文本框中输入具体数值,可以精确地改变渐变方向,如图4-28所示。

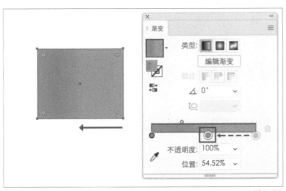
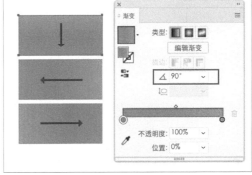

图4-27 图4-28

4. 创建多种颜色渐变

将鼠标指针放置在渐变色条空白位置上,当鼠标指针呈现添加渐变滑块状态时,单击空白处即可添加渐变滑块,如图4-29所示。

知识点 3 径向渐变填充

径向渐变是一种从内到外变化的类圆形渐变,其颜色不再沿着一条直线渐变,而是从一个起点向所有方向渐变,如图4-30所示。径向渐变的滑块颜色、滑块位置、渐变角度的修改方法与线性渐变一致。

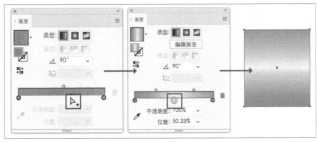
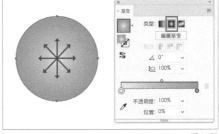

图4-29 图4-30

知识点4　任意形状渐变填充

任意形状渐变是在Illustrator CC 2018之后新加入的渐变类型，它提供了新的颜色混合功能，可以创建更自然、更丰富、更逼真的渐变。任意形状渐变有两种模式——点模式和线模式，如图4-31所示。二者都可以在任意位置添加色标，以及移动和更改色标的颜色，色标之间会自动进行混色，将渐变平滑地应用于对象。

1.　点模式

在形状中以独立点的方式创建色标，通过控制点的位置和圈的大小来调整渐变颜色的显示区域，如图4-32所示。

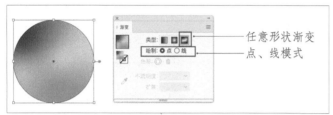
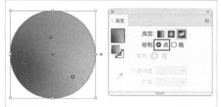

图4-31　　　　　　　　　　　　　　　　　　　　　　　　　　　　图4-32

2.　线模式

在形状中以线段或曲线的方式创建色标。线模式与路径类似，其线段或曲线可以是闭合的，也可以是开放的，如图4-33所示。

> **提示**　为对象填充渐变后，选择渐变工具在形状内任意位置单击，将出现渐变控制条（也称"渐变批注者"）。调整渐变控制条，可以改变渐变的位置，如图4-34所示。

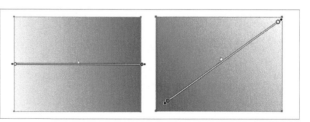

图4-33　　　　　　　　　　　　　　　　　　　　　　　　　　　　图4-34

第4节　网格渐变填充

使用网格渐变填充能制作更自由和丰富的渐变色彩填充效果，其色彩过渡的表现非常出色，能够从一种颜色平滑地过渡到另一种颜色，使对象产生多种颜色混合的效果，如图4-35所示。

图4-35

知识点 1　创建渐变网格

创建渐变网格的方式有两种：一种是选择工具箱中的网格工具创建渐变网格，另一种是执行"对象 – 创建渐变网格"命令创建渐变网格。

1. 使用网格工具建立渐变网格

选中目标形状，然后使用网格工具直接在形状上单击，即可创建网格。每在网格中单击一次即可生成一条新的网格线。选中网格中的节点，在"颜色"面板中设置节点颜色，即可实现渐变效果。继续使用网格工具在形状的其他位置单击，可将带有颜色属性的网格快速添加到对象中，如图4-36所示。

2. 使用"创建渐变网格"命令建立渐变网格

选中目标形状，然后执行"对象 – 创建渐变网格"命令，打开"创建渐变网格"对话框，设置网格的数量、渐变的方式等，可创建出较为精确的渐变网格，如图4-37所示。

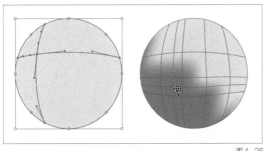

图4-36

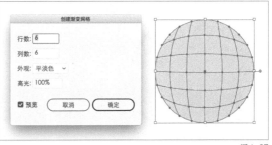

图4-37

"创建渐变网格"对话框中各选项的作用如下。

▋"行数"用来控制水平方向网格线的数量。

▋"列数"用来控制垂直方向网格线的数量。

▋"外观"包括"平淡色""至中心""至边缘"3个选项，用于控制网格渐变的方式。

▋"高光"用于控制高光区所占选定对象的比例，可设置的参数值范围是0% ~ 100%，参数值越大，高光区所占对象的比例就越大。

知识点 2　编辑网格渐变的颜色

创建出渐变网格对象后，可以对渐变的颜色进行调整。使用直接选择工具选中一个网格点或多个网格点后，可以通过以下4种方法来改变渐变的颜色。

1."填色"按钮

双击工具箱中的"填色"按钮，打开"拾色器"对话框，在对话框中可设置网格点的颜色，如图4-38所示。

2."颜色"面板

在"颜色"面板中拖曳颜色滑块，可以设置网格点的颜色，如图4-39所示。

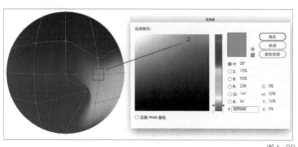
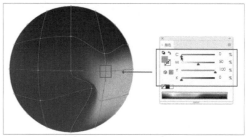

图4-38　　　　　　　　　　　　　　　　　　　　　图4-39

3."色板"面板

在"色板"面板中单击颜色样本，可以设置网格点的颜色，如图4-40所示。

4. 吸管工具

选择吸管工具，在画板中其他具有单色填充的对象上单击，会吸取该处的颜色并将其应用到选中的网格点中，如图4-41所示。

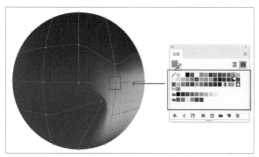
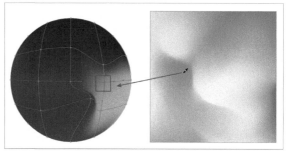

图4-40　　　　　　　　　　　　　　　　　　　　　图4-41

知识点3 编辑网格点和网格线

创建好网格渐变后，可以通过调整网格中的网格点或网格线来进一步编辑网格渐变效果，使其颜色过渡更自然。

1. 增加网格点或网格线

使用网格工具，在网格渐变对象的空白处单击，可增加一条纵向和一条横向的网格线，如图4-42所示。如果在绘制好的网格线上单击，可增加一条与其方向相反的网格线，如图4-43所示。

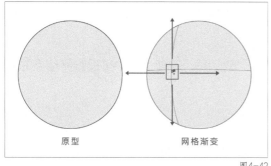
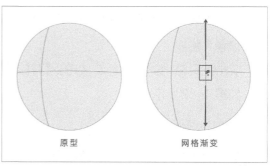

图4-42　　　　　　　　　　　　　　　　　　　　　图4-43

2. 删除网格点或网格线

使用网格工具并按住Alt键，在网格点或网格线上单击，可删除单击的网格点或网格线，如图4-44所示。

3. 调整网格点或网格线

使用网格工具或直接选择工具单击并拖曳网格点，可移动网格点位置。使用直接选择工具并按住Shift键选中多个网格点，然后拖曳鼠标指针，可同时移动选中的网格点，如图4-45所示。

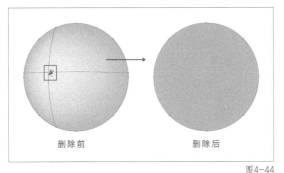

删除前　　　　　　删除后

图4-44

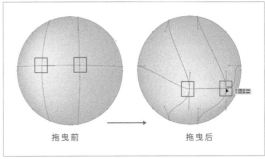

拖曳前　　　　　　拖曳后

图4-45

第5节 实时上色填充

实时上色填充是指将图稿转换为实时上色组，是一种创建彩色图画的直观方法。实时上色填充可以使用 Illustrator 2020 的所有矢量绘画工具，将绘制的全部路径视为在同一平面上，没有任何路径位于其他路径之后或之前。路径将绘画平面分割成几个区域，其中的任何区域都可以进行着色。

知识点 1 创建实时上色组

将对象转换为实时上色组后，可以对其进行着色处理。可以使用不同的颜色对每个路径段描边，也可使用不同的颜色、图案或渐变填充每个封闭路径。创建实时上色组主要有以下两种方法。

1. 使用"创建实时上色"命令创建实时上色组

选择一个或多个对象，执行"对象-创建实时上色-建立"命令，可以将对象创建为实时上色组，如图4-46所示。

2. 使用实时上色工具创建实时上色组

在工具箱中选择实时上色工具，然后在选择的对象上单击，可直接将对象创建为实时上色组，如图4-47所示。

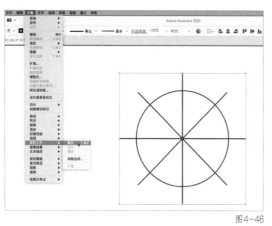

图4-46

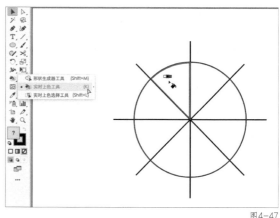

图4-47

知识点2 使用实时上色工具上色

使用实时上色工具可以将当前填充颜色和描边颜色添加到实时上色组的表面或边缘。

双击"实时上色工具"按钮，打开"实时上色工具选项"对话框，可以设置工具的显示状态以及填充的对象内容，如图4-48所示。

"实时上色工具选项"对话框中各参数的详细含义如下。

▌ 填充上色：对实时上色组的各表面上色。

▌ 描边上色：对实时上色组的各边缘上色。

▌ 光标色板预览：在鼠标指针上显示填充或描边属性。

▌ 突出显示：勾画出鼠标指针当前所在的表面或边缘的轮廓。粗线突出显示表面，细线突出显示边缘。

▌ 颜色：设置突出显示线的颜色。可以从下拉列表框中选择预设颜色，也可以单击色块，在"颜色"对话框中指定自定义颜色。

图4-48

▌ 宽度：设置突出显示轮廓线的粗细。

1. 填充上色

使用实时上色工具，将鼠标指针移动到形状区域，当鼠标指针变为半填充的油漆桶形状，且填充内侧周围的线条突出显示时，直接单击此区域即可为其填充颜色，如图4-49所示。

如果要为多个形状区域填充颜色，只需先单击一个区域，然后按住鼠标左键并拖曳鼠标指针跨过多个区域，即可为跨过的区域填充相同的颜色，如图4-50所示。

2. 描边上色

若勾选"实时上色工具选项"对话框中的"描边上色"复选框，可开启对实时上色组中轮廓添加颜色的模式。将鼠标指针移动到路径边缘，当鼠标指针变为画笔形态且该边缘突出显示时，单击路径边缘即可填充描边颜色，如图4-51所示。

为多条路径线添加颜色的方法与为多个区域添加颜色的方法相同。选择实时上色工具，然后按住鼠标左键并拖曳鼠标指针跨过多条边缘，可为多条边缘填充描边颜色，如图4-52所示。

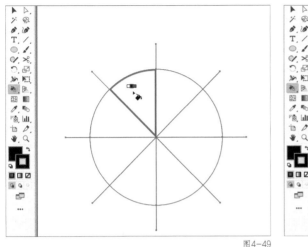

图4-49

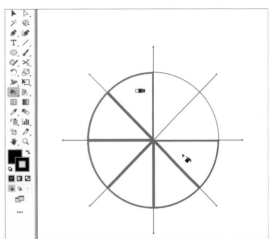

图4-50

提示 在使用实时上色工具时，按住Shift键，可以切换填充上色和描边上色功能；按住Alt键，可以切换到吸管工具。

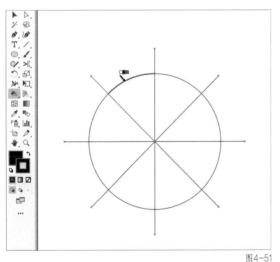

图4-51

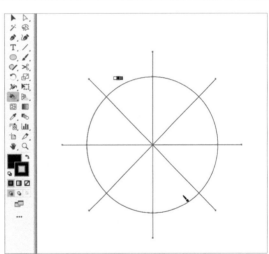

图4-52

3. 释放实时上色

在对对象执行实时上色操作后，想要取消实时上色状态，可执行"对象－实时上色－释放"命令，将对象转换为原始形状。此时，对象的所有内部填充被取消，只保留轮廓为黑色描边，如图4-53所示。

4. 扩展实时上色

执行"对象－实时上色－扩展"命令，可将每个实时上色组的表面和轮廓转换为独立的图形，并将其分为两个编组对象——所有形状一个编组，所有轮廓一个编组。解散编组后即可查看各个单独的对象，如图4-54所示。

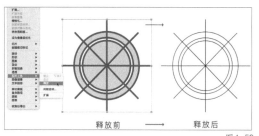

<table>
<tr><td>释放前</td><td>→</td><td>释放后</td></tr>
</table>

图4-53

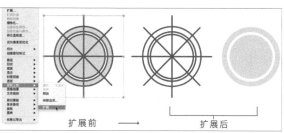

<table>
<tr><td>扩展前</td><td>→</td><td>扩展后</td></tr>
</table>

图4-54

本课练习题

1. 填空题

（1）渐变填充分为_____、_____、_____。

（2）Illustrator 2020中颜色模式有_____、_____。

（3）_____颜色模式是专门用来印刷输出的颜色模式。

参考答案：（1）线性渐变、径向渐变、任意形状渐变；（2）CMYK颜色模式、RGB颜色模式；（3）CMYK。

2. 选择题

（1）下列哪个色彩模式定义的颜色可用于印刷。（　　　）

A. RGB　　　　　　B. CMYK　　　　　　C. HSB　　　　　　D. SSD

（2）在Illustrator 2020中，使用网格工具时，按（　　　）键单击网格线可将其删除。

A. Ctrl　　　　　　B. Alt　　　　　　C. Shift　　　　　　D. Ctrl+Alt

（3）Illustrator 2020在"色板"面板中存储了多种颜色样本，包括（　　　）和图案样本。

A. 画笔样本　　　B. 符号样本　　　C. 渐变样本　　　D. 透明度

（4）在Illustrator 2020默认状态下，创建的渐变效果是（　　　）渐变。

A. 线性　　　　　　B. 曲线　　　　　　C. 径向　　　　　　D. 点

参考答案：（1）B；（2）B；（3）C；（4）A。

3. 操作题

根据图4-55所示将线稿文件进行填色。

操作题要点提示

① 在填充颜色时可以使用吸管工具。

② 在填充颜色时注意填色与描边的选择是否正确。

图4-55

第 **5** 课

对象的调节

通过本课的学习可以掌握如何调节对象和变换对象，如对象的
选择、对象的顺序排列、角度旋转、大小缩放、外观变形操作
等，以及如何使用路径查找器工具和剪切蒙版工具实现更丰富
的效果。

本课知识要点

◆ 选择对象

◆ 移动和复制对象

◆ 排列对象顺序

◆ 使用宽度工具和变形工具组

◆ 路径查找器

◆ 剪切蒙版

第1节 对象的基本操作

在绘制图形或路径后，可以使用相关的工具进行选择和编辑，例如对其进行移动、复制、删除、调整路径或编组等操作。

知识点 1　选择对象

在Illustrator 2020中，各个对象是独立存在的，在编辑一个对象之前，必须先将其选中。下面介绍几种在绘图过程中经常使用的选择工具。

1. 选择工具

选择工具用来选择单个对象、多个对象或组合对象。在选择对象时，可以通过单击的方式选择，也可以拖曳鼠标指针形成矩形框，框选部分对象或所有对象，即可选中对象。

当选中对象后，对象周围会出现由8个控制点组成的定界框，如图5-1所示。将鼠标指针移动到定界框的控制点上，鼠标指针呈现双箭头状态，拖曳鼠标指针可以改变对象的大小，如图5-2所示。如果鼠标指针呈现弧形双箭头状态，拖曳鼠标指针可以旋转对象，如图5-3所示。

2. 直接选择工具

直接选择工具的使用方法与选择工具基本相同，不同之处在于直接选择工具可以单独选择路径或锚点，从而改变对象的形状，如图5-4所示。

图5-1

图5-2

图5-3

图5-4

3. 套索工具

套索工具可以选择整个对象，也可单独选择对象的锚点、路径。它与其他选择工具不同的是，套索工具可以自由拖曳出不规则的选择区域，在区域中的锚点都将被选中，如图5-5所示。

4. 魔棒工具

魔棒工具主要用来选择具有相同或相似属性的对象，如填充颜色、描边颜色、描边粗细、不透明度或混合模式的对象等。

双击"魔棒工具"按钮，可以打开"魔棒"面板，设置魔棒工具的属性，容差大小一般设置为32，如图5-6所示。

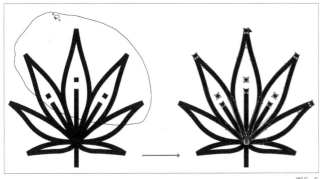 

图5-5   图5-6

提示 容差值越低，所选范围就越窄；容差值越高，所选范围就越广，如图5-7所示。

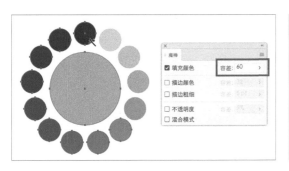 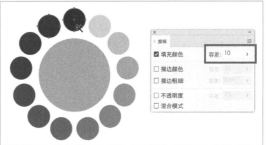

图5-7

知识点 2 移动对象

移动对象时，可以使用鼠标指针拖曳、按键盘方向键或"移动"命令进行移动，具体方法如下。

1．使用鼠标指针拖曳

选择需要移动的对象，按住鼠标左键进行拖曳。将对象拖曳到新的位置，即可实现移动操作。如果在拖曳时按住Shift键，可以水平或垂直移动对象。

2．使用键盘方向键

选中需要移动的对象，按键盘方向键也可以使对象进行移动。

如果需要调节单次移动距离，可以执行"编辑－首选项－常规"命令，打开"首选项"对话框，设置键盘增量的数值，如图5-8所示。

3．使用数值精确移动

如果要精确移动对象，可以执行"对象－变换－移动"命令，打开"移动"对话框，设置具体的移动数值，如图5-9所示。

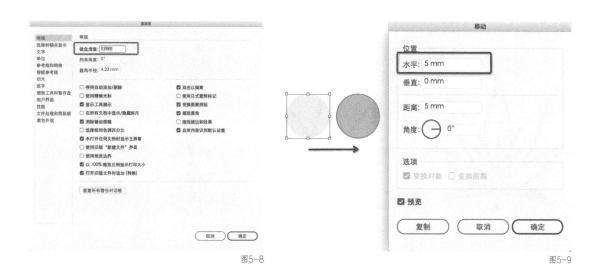

图5-8

图5-9

知识点 3 复制对象

当需要创建相同属性的对象时，可以使用鼠标指针移动复制或使用快捷键复制。

1. 使用鼠标指针移动复制

使用选择工具选择需要复制的对象，然后按住 Alt 键，鼠标指针呈现双箭头，此时拖曳鼠标指针到任意位置即可实现对象的复制，如图5-10所示。

提示 在执行复制操作后，按快捷键Ctrl+D，即可对上一步操作进行重复，重复复制出属性一致的对象，如图5-11所示。

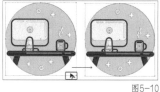 

图5-10

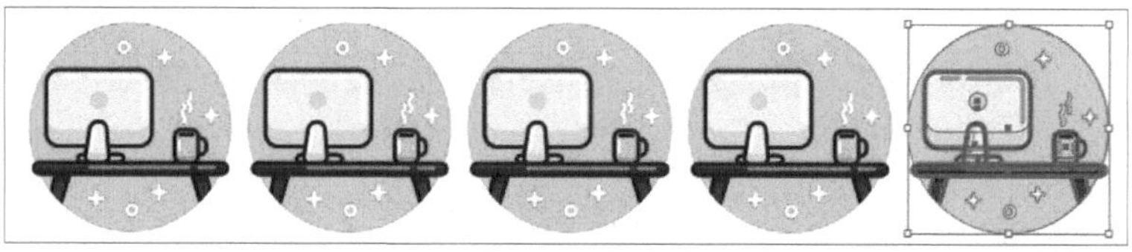

图5-11

2. 使用快捷键复制

使用选择工具选择需要复制的对象，按快捷键 Ctrl+C 复制，再按快捷键 Ctrl+V 粘贴，即可实现对象的复制。新复制的对象会在画板中心显示，如图5-12所示。

提示 按快捷键Ctrl+C复制，再按快捷键Ctrl+F，可以将复制的对象粘贴到原对象的前面。

按快捷键Ctrl+C复制，再按快捷键Ctrl+B，可以将复制的对象粘贴到原对象的后面。

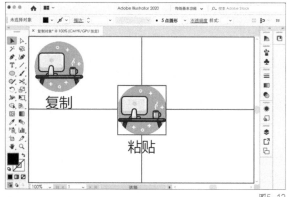

图5-12

第2节 对象的排列、对齐和分布

在绘制图形时，经常需要对绘制内容的位置进行调整，如改变对象的前后顺序，或对多个图形的位置进行调整，以使它们的排列更符合工作需求。使用排列与对齐功能，可以改变对象排列顺序、调整对象对齐和分布方式。

知识点 1 排列对象顺序

在画板中，所有的绘制对象都是按绘制的先后顺序进行排列。当需要调整对象的先后顺序时，可以使用排列功能改变对象的先后顺序，如图5-13所示。

改变对象排列顺序的方法有两种：一种是执行"对象-排列"命令；另一种是右击选中对象，在打开的"快捷窗口"中选择"排列"选项。

"排列"菜单中有4种排列形式，如图5-14所示。

图5-13

图5-14

▌ 执行"置于顶层"命令可以将选中的对象放到所有对象的最上面，如图5-15所示。

▌ 执行"前移一层"命令可将选中的对象向上移动一层，如图5-16所示。

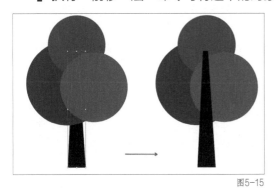

图5-15

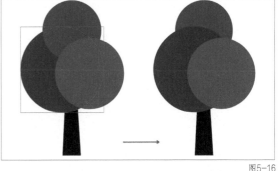

图5-16

▌ 执行"后移一层"命令可将选中的对象向下移动一层，如图5-17所示。

▌ 执行"置于底层"命令可以将选中的对象放到所有对象的最下面，如图5-18所示。

> **提示** 在排列对象时可直接使用以下快捷键操作。
>
> "置于顶层"的快捷键为Ctrl+Shift+]。
>
> "置于底层"的快捷键为Ctrl+Shift+[。
>
> "前移一层"的快捷键为Ctrl+]。
>
> "后移一层"的快捷键为Ctrl+[。

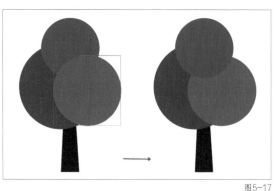

图5-17

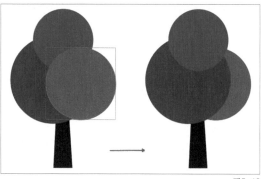

图5-18

知识点 2 对齐和分布对象

如果需要将对象精确排列，单纯依靠鼠标指针拖曳是难以完成的，这时就需要使用对齐和分布功能。执行"窗口－对齐"命令，打开"对齐"面板，如图5-19所示。

1. 对齐对象

使用"对齐对象"选项组可以将选中的对象沿指定的方向轴进行对齐。在"对齐对象"选项组中，共有6种对齐方式，单击对齐按钮能够使选中的多个对象按所选方式进行对齐。

"对齐对象"选项组中各按钮的详细含义如下。

▌"水平左对齐"可以使两个及两个以上对象在对齐时，以最左边对象的左边线为基准向左对齐，最左边对象的位置保持不变，如图5-20所示。

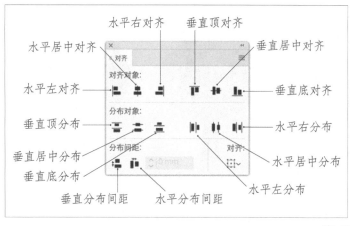

图5-19

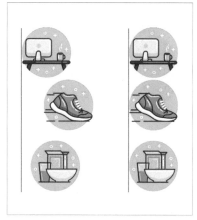

图5-20

▌"水平居中对齐"以选中对象的中心作为水平居中对齐的基准点，对象在垂直方向上保持不变，如图5-21所示。如果选择的是不规则的对象，将以各对象的中心作为对齐中心点进行水平方向的对齐，如图5-22所示。

▌"水平右对齐"可以使两个及两个以上对象在对齐时，以最右边对象的右边线为基准向右对齐，最右边对象的位置保持不变，如图5-23所示。

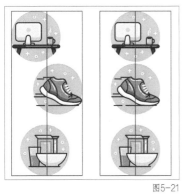

图5-21

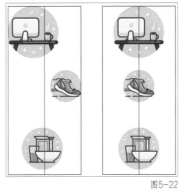

图5-22

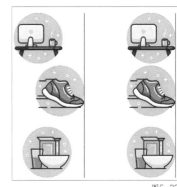

图5-23

▌"垂直顶对齐"可以使两个及两个以上对象在对齐时，以最上方对象的上边线作为基准向上对齐，最上面对象的位置保持不变，如图5-24所示。

▌"垂直居中对齐"以选中对象的中心作为垂直居中对齐的基准点，对齐后对象中心点都在一条水平方向的直线上，如图5-25所示。

▌"垂直底对齐"可以使两个及两个以上对象在对齐时，以最下方对象的下边线作为基准向下对齐，最下面对象的位置保持不变，如图5-26所示。

图5-24

图5-25

图5-26

2．分布对象

使用"分布对象"选项组可以使对象之间进行均匀分布排列，从而使对象的排列更为有序，但分布对象功能至少需要有3个对象才可以使用。"分布对象"选项组包含垂直顶分布、垂直居中分布、垂直底分布、水平左分布、水平居中分布、水平右分布6种分布方式，如图5-27所示为各分布命令的分布效果。

3．分布间距

使用"分布间距"选项组，可以使对象之间的分布距离更精确。分布间距功能有两种实现方法，分别是自动分布和固定数值分布。

▌自动分布。选择需要分布的所有对象，然后单击"水平分布间距"按钮或"垂直分布间距"按钮，对象将按照相等的间距进行分布，如图5-28所示。

▌固定数值分布。选择要分布的所有对象，然后单击其中一个对象作为分布的基准对象，这时"分布间距"文本框呈现可输入状态，在文本柜中输入具体的参数，然后单击"垂直分布间距"按钮或"水平分布间距"按钮即可进行间距分布，如图5-29所示。

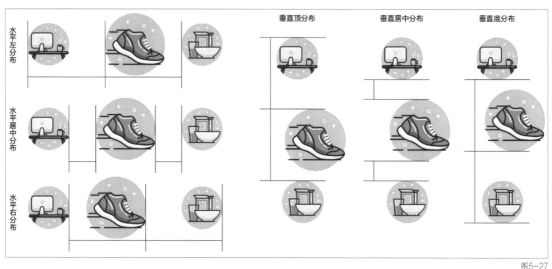

图5-27

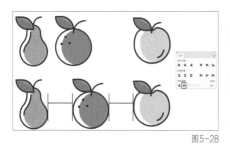

图5-28

图5-29

第3节 变换工具组

使用变换工具组可以对对象进行不同形式的变换，如改变对象的位置、大小、旋转角度和倾斜度等。

知识点 1 缩放对象

缩放是指将对象在水平和垂直方向上扩大或缩小。在Illustrator 2020中有多种缩放对象的方法，可以使用选择工具、比例缩放工具、自由变换工具放大或缩小所选的对象，也可以通过"比倒缩放"对话框精确设置对象的缩放比例参数。

1. 使用工具缩放对象

使用工具箱中的选择工具、比例缩放工具、自由变换工具，可以对选中的对象进行较为简单的缩放。

▌选择工具。使用选择工具选中对象后，对象的四周会显示一个蓝色定界框，直接按住鼠标左键拖曳定界框的角点，可以缩小或放大对象，如图5-30所示。

▌比例缩放工具。在画板中选中对象后，选择比例缩放工具，按住鼠标左键拖曳定界框的角点，也可对对象进行缩小或放大的操作，如图5-31所示。

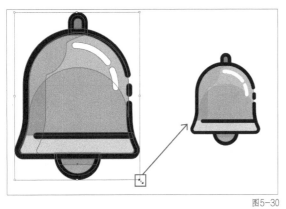
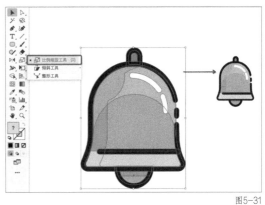

图5-30 图5-31

▌ 自由变换工具。在画板中选择对象，并选择自由变换工具，将鼠标指针放在定界框一角的控制柄上拖曳即可对对象进行缩放调整，如图5-32所示。

2. 使用"比例缩放"对话框缩放对象

使用"比例缩放"对话框可以精确设置缩放比例参数，执行"对象-变换-缩放"命令，打开"比例缩放"对话框，或者双击"比例缩放工具"按钮，也可打开"比例缩放"对话框，如图5-33所示。

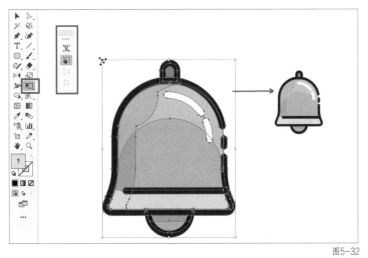

图5-32 图5-33

"比例缩放"对话框中各参数的详细含义如下。

▌ 选择"等比"可以使对象成比例缩放。如果参数值小于100%，对象将会缩小；如果参数值大于100%，对象将会放大。

▌ 选择"不等比"可以单独调节对象的水平和垂直比例。"水平"参数可以设置对象的宽度缩放比例，"垂直"参数可设置对象的高度缩放比例，如图5-34所示。

▌ 勾选"缩放圆角"复选框，在缩放带有圆角的对象时，圆角也与对象一起放大或缩小；若不勾选该复选框，对象在放大或缩小时，圆角参数固定不变。

▌ 勾选"比例缩放描边和效果"复选框，在缩放对象的同时，对象的轮廓线宽度也会与对象大小一起改变。

▌ 当对象填充了图案时，"变换对象"和"变换图案"复选框将被激活。若勾选了"变换对象"复选框，只缩放对象；若同时勾选了"变换图案"复选框，对象中填充的图案会随着对象一起缩放，如图5-35所示。

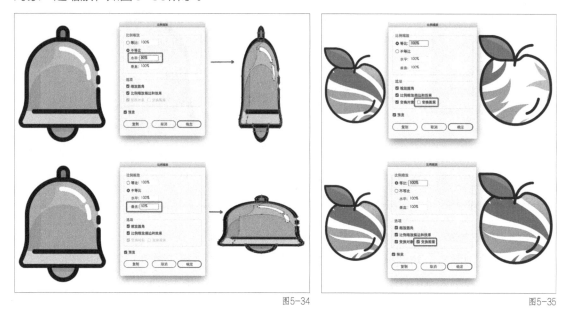

图5-34　　　　　　　　　　　　　　　　　　　　　　图5-35

> **提示**　使用选择工具、自由变换工具缩放对象时：按住Shift键可以按比例缩放对象；按住Alt健可以控制对象以中心点进行缩放；按住快捷键Shift+ Alt，可以等比同心缩放对象。

知识点 2　旋转对象

旋转是指对象绕着一个固定的点进行转动，在默认状态下，对象的中心点将作为旋转的轴心。当然也可以根据具体情况指定对象旋转的中心。

1. 手动旋转对象

手动旋转对象的方式有以下3种。

▌选择工具。在画板中选择对象，选择选择工具，将鼠标指针移到对象定界框边角，将出现旋转的符号，此时按住鼠标左键拖曳可以对对象进行旋转操作，如图5-36所示。

▌自由变换工具。在画板中选择对象，选择自由变换工具，此时按住鼠标左键拖曳即可旋转对象，操作方法与选择工具相同，如图5-37所示。

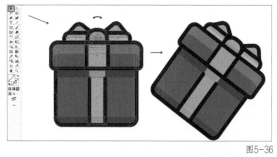
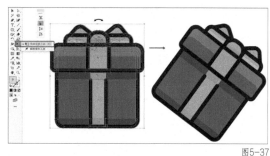

图5-36　　　　　　　　　　　　　　　　　　　　　　图5-37

▌旋转工具。在画板中选择对象，选择旋转工具，此时按住鼠标左键拖曳可以以对象的中心点为旋转中心旋转对象。如果要改变对象的旋转中心点，在保持对象为选中状态的情况下，使用旋转工具在需要定义中心点的位置单击，然后拖曳鼠标即可实现旋转操作，如图5-38所示。

2. 精确旋转对象

如果要精确地旋转对象，可以在"旋转"对话框中进行设置。选中对象后，双击工具箱中的"旋转工具"按钮，打开"旋转"对话框，设置需要旋转的角度数值，如图5-39所示。

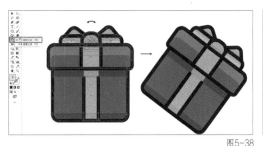

图5-38

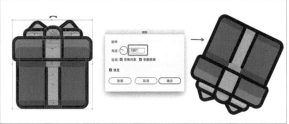

图5-39

"旋转"对话框中各参数的详细含义如下。

▌"角度"可以设置对象旋转的角度。

▌若勾选"变换对象"和"变换图案"复选框，当对象填充了图案，旋转对象时对象中填充的图案将会随着对象一起旋转；若只勾选"变换对象"复选框，旋转时只旋转对象，填充图案不旋转。

> 提示 使用旋转工具旋转对象时，按住Alt键单击画板，也可以打开"旋转"对话框，并可以精确拖曳旋转的中心点，单击"复制"按钮可以复制对象。

知识点 3 镜像对象

镜像是指让对象实现镜面翻转效果，它是将对象以一条不可见的轴线为参照进行翻转。使用工具箱中的镜像工具可实现镜像操作。

1. 自由设置镜像对象

在画板中选择对象，选择镜像工具，按住鼠标左键拖曳即可设置镜像效果，如图5-40所示。

2. 精确设置镜像对象

双击"镜像工具"按钮，打开"镜像"对话框，可以精确设置对象的镜像参数，如图5-41所示。

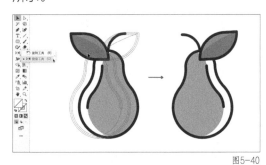

图5-40

图5-41

"镜像"对话框中各参数的详细含义如下。

▌"水平"可以使选中对象沿水平方向产生镜像效果。

▌"垂直"可以使选中对象沿垂直方向产生镜像效果。

▌"角度"可以设置镜像轴的倾斜角度。

▌勾选"变换对象"和"变换图案"复选框，当对象填充了图案，镜像对象时对象中填充的图案将会随着对象一起被镜像；若只勾选"变换对象"复选框，镜像时只镜像对象，填充图案保持不变。

> 提示 使用镜像工具镜像对象时，按住Alt键单击画板，也可以打开"镜像"对话框，单击"复制"按钮可以复制对象。

知识点 4 倾斜对象

倾料工具可以使对象实现倾斜效果。

1. 自由设置倾斜对象

在画板中选择对象，使用倾斜工具，按住鼠标左键拖曳即可实现倾斜效果，如图5-42所示。

2. 精确设置倾斜对象

双击"倾斜工具"按钮，或执行"对象 - 变换 - 倾斜"命令，打开"倾斜"对话框精确设置对象倾斜参数，如图5-43所示。

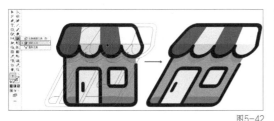

图5-42

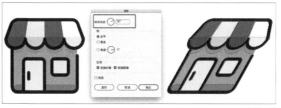

图5-43

"倾斜"对话框中各参数的详细含义如下。

▌"倾斜角度"可以设置对象倾斜时的倾斜角度，范围是-360°~360°。

▌"水平""垂直""角度"可以设置对象倾斜时的方向。

> 提示 使用倾斜工具拖曳对象的过程中：按住Shift键，可以约束倾斜对象的角度；按住Alt键，可以在保持原对象不变的基础上复制一个倾斜的对象。

第4节 宽度工具

使用宽度工具可以轻松地加宽所绘制的路径描边，并调整为各种变形效果，还可以创建并保存自定义宽度配置文件，将该文件重新应用于任何笔触。

知识点 1 创建可变宽度笔触

使用宽度工具，将鼠标指针放置在路径线上，待鼠标指针状态呈现为添加状态后，单击并拖曳鼠标指针即可调节描边的形态，如图5-44所示。

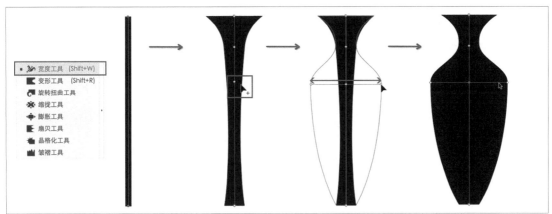

图5-44

知识点 2 编辑宽度点

使用宽度工具，将鼠标指针移动到路径的宽度点上，单击并按住鼠标左键拖曳可以移动宽度点，单击后按Delete键可以删除宽度点，如图5-45所示。

> 提示 ▌ 在移动宽度点时，按住Alt键可以复制出新的宽度点。
> ▌ 在调整路径的宽度时，按住Alt键可以编辑单条线的宽度，如图5-46所示。

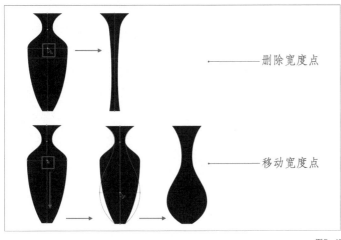

图5-45

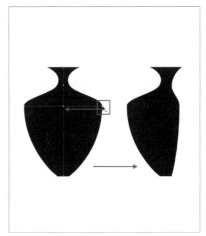

图5-46

知识点 3 变量宽度配置文件

使用变量宽度配置文件中的可变宽度笔触，可以让等宽的路径描边变形，得到新的路径描边效果。

执行"窗口－描边"命令，打开"描边"面板，单击"描边"面板底部的"配置文件"下拉列表框后的三角按钮，可以打开"配置文件"下拉列表框，默认情况下使用的是"等比"宽度配置文件，其中还预设了另外6种宽度配置文件，如图5-47所示。

使用宽度工具创建的笔触，可以将其添加到配置文件中。单击"添加到配置文件"按钮，打开"变量宽度配置文件"对话框，输入配置文件名称，单击"确定"按钮，即可创建自定义宽度笔触，如图5-48所示。

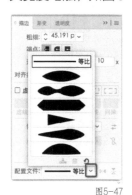

图5-47

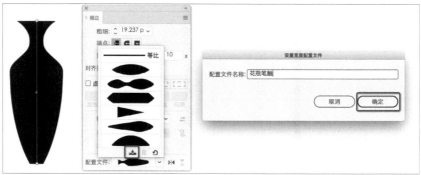

图5-48

第5节 变形工具组

在 Illustrator 2020中，使用变形工具组可以轻易地使对象产生特殊的变形效果。使用这些工具在对象上单击或拖曳，就可以快速地改变对象原来的形状。

变形工具组中有7种变形工具，包括变形工具、旋转扭曲工具、缩拢工具、膨胀工具、扇贝工具、晶格化工具、皱褶工具，如图5-49所示。

知识点 1 变形工具的使用

使用变形工具在对象上按所需要的方向拖曳，对象的形状将随着鼠标的拖曳而发生变化，如图5-50所示。

图5-49

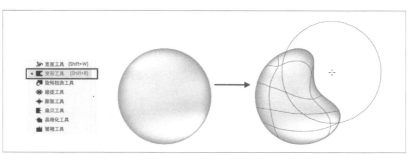

图5-50

双击"变形工具"按钮，打开"变形工具选项"对话框，可以对变形工具的全局画笔尺寸和变形选项进行设置，可以直接在文本框中输入需要的数值，或者单击其后的下拉按钮，在打开的下拉列表框中选择相应的参数值，还可通过微调按钮来进行调节，如图5-51所示。

"变形工具选项"对话框中各参数的详细含义如下。

▮ "宽度"和"高度"可以设置画笔的大小。

▮ "角度"可以设置画笔的使用角度。

▮ "强度"可以设置画笔变形的强度，其参数值越大，变形的强度越大。

▮ "细节"可以设置路径上各节点间的间距，其参数值越大，各节点之间的间距越近。

图5-51

▮ "简化"可以在不影响整个图形外观的情况下，减少多余节点数量。

▮ "显示画笔大小"可以控制鼠标指针的显示状态。

▮ "重置"可以使对话框中的所有设置恢复到默认状态。

知识点 2 旋转扭曲工具的使用

使用旋转扭曲工具可以使对象产生旋转扭曲效果。选择旋转扭曲工具后，可以单击或按住鼠标左键进行拖曳，从而改变对象的形状，如图5-52所示。

双击"旋转扭曲工具"按钮，打开"旋转扭曲工具选项"对话框，可以设置旋转扭曲工具详细参数。"旋转扭曲工具选项"与"变形工具选项"对话框很多选项相同，只是多了一个"旋转扭曲速率"，如图5-53所示。

图5-52

图5-53

"旋转扭曲速率"可以设置图形旋转扭曲变形的速度，取值范围是-180°～180°。负值表示顺时针，正值表示逆时针，数值越大，变形越快，如图5-54所示。

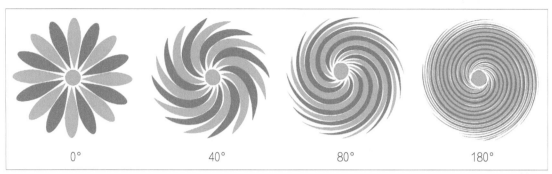

| 0° | 40° | 80° | 180° |

图5-54

知识点 3 缩拢工具的使用

使用缩拢工具可以使对象向内收缩变形，从而产生折叠效果。直接使用该工具在对象上单击即可实现收缩效果，如图5-55所示。

双击"缩拢工具"按钮，打开"收缩工具选项"对话框，可以设置缩拢工具详细参数。"收缩工具选项"对话框中的各个选项设置方法与"变形工具选项"对话框相同，此处不再赘述，如图5-56所示。

图5-55

图5-56

知识点 4 膨胀工具的使用

膨胀工具与缩拢工具的效果正好相反，使用膨胀工具可以使对象由内向外实现扩大效果。使用膨胀工具在对象的任意位置单击即可实现变形，如图5-57所示。

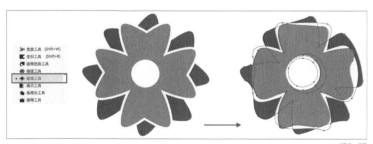

图5-57

双击"膨胀工具"按钮，打开"膨胀工具选项"对话框，可以设置膨胀工具详细参数。"膨胀工具选项"对话框与"变形工具选项"对话框的设置相同，可以参照"变形工具选项"对话框的设置方法对该工具进行详细的设置。

知识点 5 扇贝工具的使用

使用扇贝工具可以使对象的轮廓变为"毛刺"效果。在对象的不同的位置使用扇贝工具，会随机产生不一样的效果，如图5-58所示。

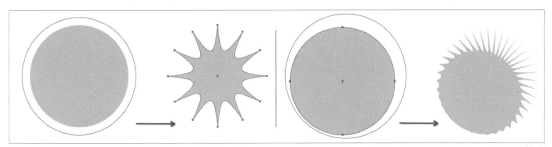

图5-58

双击"扇贝工具"按钮，打开"扇贝工具选项"对话框，可以设置扇贝工具详细参数，如图5-59所示。

"扇贝工具选项"对话框中各参数的详细含义如下。

▌"复杂性"可以设置对象变形的复杂程度，设置的范围为0～15，参数值越大，形成的对象就越复杂。

▌分别勾选"画笔影响锚点"、"画笔影响内切线手柄"和"画笔影响外切线手柄"选项复选框，可以改变画笔影响的对象范围，产生不同的对象变形效果。

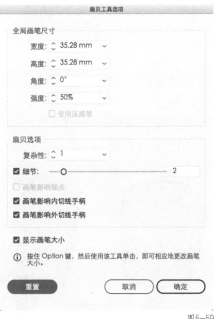

图5-59

知识点 6 晶格化工具的使用

晶格化工具与扇贝工具所创建的对象效果相似，它们都可以在对象边缘位置创建随机锯齿状效果。选择晶格化工具，直接在对象上单击即可实现变形效果，如图5-60所示。

双击"晶格化工具"按钮，打开"晶格化工具选项"对话框，可以设置晶格化工具详细参数。"晶格化工具选项"对话框中的各个选项设置方法与"扇贝工具选项"对话框相同，此处不再赘述，如图5-61所示。

知识点 7 皱褶工具的使用

使用皱褶工具可以在对象上创建不规则的皱褶效果。选择皱褶工具，在对象上单击或向任意方向拖曳即可实现变形效果，如图5-62所示。

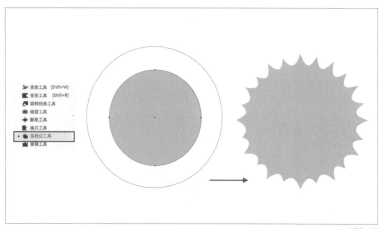

图5-60　　　　　　　　　　　　　　　　　　　图5-61

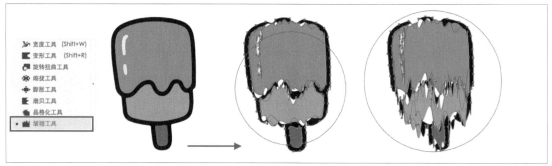

图5-62

　　在"皱褶工具选项"对话框中，"水平"和"垂直"两个文本框可以控制对象变形的方向为水平或垂直方向，如图5-63所示。

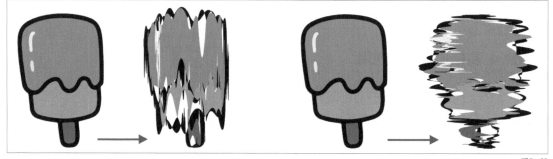

图5-63

第6节　路径查找器

　　使用"路径查找器"面板中的按钮，可以对图形进行联集、减去顶层、交集、差集、分割等操作，塑造新的图形形状。执行"窗口-路径查找器"命令，打开"路径查找器"面板，如图5-64所示。

图5-64

"路径查找器"面板中各按钮的详细含义如下。

▌ 联集：使用该按钮可以将选中的图形合并为一个图形，并将最上方图形的颜色填充到合并后的新图形中，如图5-65所示。

▌ 减去顶层：使用该按钮可以从选中的图形中减去相交的部分。通常用上方的图形裁剪下方的图形，保留下来的是最底层的图形，如图5-66所示。

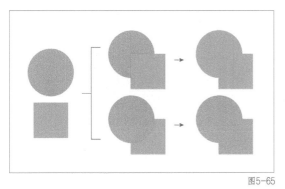

图5-65

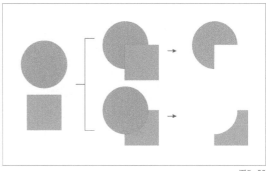

图5-66

▌ 交集：使用该按钮可以保留图形与图形重叠的部分，并将最上方图形的颜色填充到得到的新图形中，如图5-67所示。

▌ 差集：差集与交集产生的效果正好相反，使用该按钮可以将图形与图形之间不相交的部分保留，而将相交的部分删除，并将最上方图形的颜色填充到差集后的新图形中，如图5-68所示。

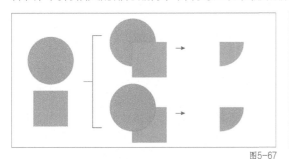

图5-67

图5-68

▌ 分割：使用该组按钮可以将图形按照相交的轮廓线进行分割，生成独立无重叠的对象，如图5-69所示。执行分割操作后，默认图形为编组状态，若要移动单独图形，可以在图形上右击，在弹出的快捷菜单中执行"取消编组"命令即可，如图5-70所示。

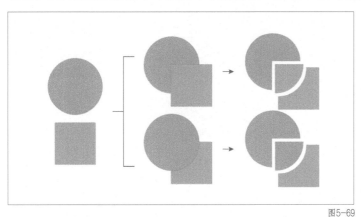

图5-69

图5-70

第7节 剪切蒙版

使用剪切蒙版可以用一个图形来遮盖其他图形对象。创建剪切蒙版后，只能看到蒙版形状内的对象，从效果上来说，就是将对象剪切为蒙版的形状。剪切蒙版和被蒙版的对象统称为"剪切组合"，并在"图层"面板中用下划线标出，如图5-71所示。

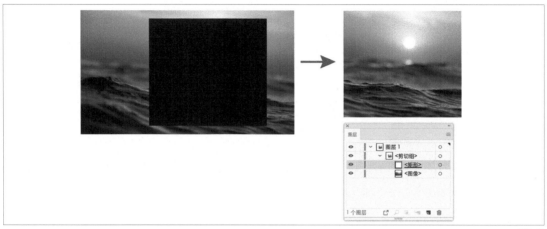

图5-71

知识点 1 创建剪切蒙版

在创建剪切蒙版时，只有图形可以作为剪切蒙版，而被蒙版的对象可以是任何图形或图像。创建剪切蒙版的常用方式有以下两种。

1. 使用菜单命令创建剪切蒙版

选择需要建立剪切蒙版的两个或多个对象，执行"对象-剪切蒙版-建立"命令，可以创建剪切蒙版效果，如图5-72所示。

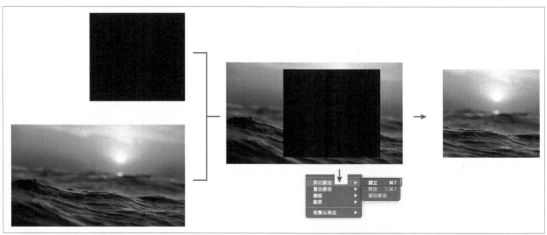

图5-72

2. 使用"建立剪切蒙版"命令创建剪切蒙版

选择需要建立剪切蒙版的两个或多个对象后，在弹出的快捷菜单中执行"建立剪切蒙版"

命令，即可创建剪切蒙版效果，如图5-73所示。

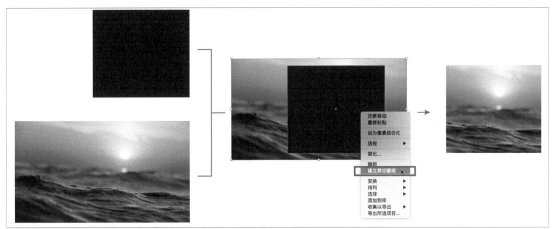

图5-73

知识点 2 编辑剪切蒙版

创建剪切蒙版后，剪切蒙版和被蒙版的对象都是可以编辑的。可以编辑剪切路径，调整蒙版的形状，增加或减少蒙版内容，以及释放剪切蒙版。

1. 编辑剪切路径

单击控制栏中的"编辑剪切路径"按钮，可以选择蒙版图形，编辑图形的路径和锚点，如图5-74所示。

2. 编辑被蒙版对象

单击控制栏中的"编辑内容"按钮，可以选择被蒙版图形，调整蒙版内容的位置，如图5-75所示。

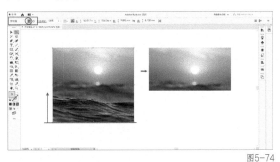

图5-74

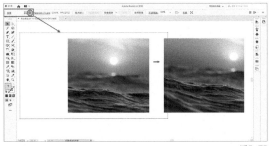

图5-75

3. 释放剪切蒙版

如果要从剪切蒙版中释放对象，可以执行"对象-剪切蒙版-释放"命令，或在画板中右击，在弹出的快捷菜单里执行"释放剪切蒙版"命令，即可将剪切蒙版释放。释放剪切蒙版后，图形将默认去除填色与描边效果，只保留路径状态，如图5-76所示。

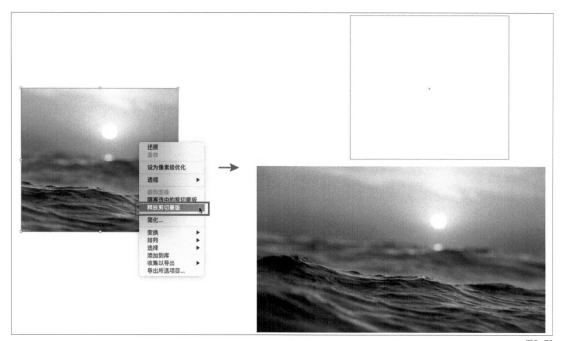

图5-76

本课练习题

1. 填空题

（1）Illustrator 2020中的_____工具组能够使对象产生特殊的变形效果。

（2）Illustrator 2020中使用快捷键_____，可以重复上一步操作。

（3）Illustrator 2020中使用快捷键_____，可以将选中的对象向上移动一层。

参考答案：（1）变形；（2）Ctrl+D；（3）Ctrl+]。

2. 选择题

（1）将图像置入圆形中，使用的方法为？（　　　）

A. 使用吸管工具　　B. 使用剪切蒙版　　　　C. 使用网格渐变　　　　D. 使用复制粘贴

（2）在Illustrator 2020中，如果要调节键盘方向键移动的距离，需要执行（　　　）命令进行设置？

A."对象-变换"　　B."对象-路径"　　　　C."选择-对象"　　　　D."编辑-首选项"

（3）怎么让图形B以图形A为基准进行对齐？（　　　）

A. 同时选中A和B打开"对齐"面板进行对齐

B. 先选A，再加选B，再用"对齐"面板进行对齐

C. 全选A和B，然后单击A，再执行对齐

D. 以上全可以

（4）使用旋转工具旋转图形时，需要按（　　　）键，同时在画板中单击，可以弹出"旋转"对话框。

A. F2　　　　　　　B. Ctrl　　　　　　　　C. Alt　　　　　　　　D. Enter

参考答案：（1）B；（2）D；（3）C；（4）C。

3. 操作题

请根据图5-77所示排列图中的图标。要求图标之间垂直和水平间距15mm，图标之间垂直居中对齐、水平居中对齐。

操作题要点提示

在使用分布间距功能时，选择需要对齐的对象后，需要单击其中一个对象作为分布的基准对象，才可以激活"分布间距"文本框的输入状态。

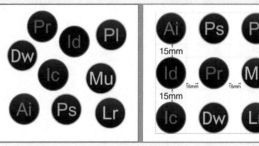

图5-77

第 **6** 课

效果与外观

Illustrator 2020包含了各种效果，如3D效果、扭曲和变换效果、风格化效果等，使用这些效果可以更改对象的外观，使对象效果更加丰富，在"外观"面板中还可以修改滤镜和效果的参数，滤镜和效果的区别是，滤镜可以永久修改对象，而效果及其属性可以随时修改或删除。通过本课的学习，读者可以掌握使用滤镜与效果中的相关命令的方法。

本课知识要点

◆ "效果"菜单

◆ "外观"面板

◆ 3D效果

◆ 扭曲和变换

◆ 风格化效果

第1节 "效果"菜单

在对象上应用效果可以使用效果的相关命令来完成。打开"效果"菜单，可以选择其中一种效果应用于对象，如图6-1所示。

"效果"菜单可以分为4个区域，下面分别介绍其用途。

▍ 应用上一个效果。执行"应用上一个效果"命令，可以重复使用上一个效果命令。执行"上一个效果"命令，可以打开上次应用的"效果"对话框进行修改。

▍ 文档栅格效果设置。执行"文档栅格效果设置"命令，可以为一个文件中的所有栅格效果设置选项，栅格化矢量对象时也可以设置这些选项。

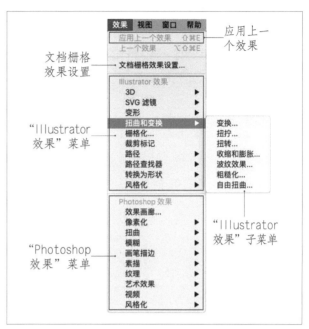

图6-1

▍ Illustrator效果。"Illustrator效果"菜单主要针对矢量图，使用时可以从子菜单中选择执行具体的效果命令。

▍ Photoshop效果。"Photoshop效果"菜单可以作用于位图，也可以作用于矢量图。在执行这些效果命令时，将按照"文档栅格效果设置"对话框中所设置的参数作用于对象。

第2节 "外观"面板

修改对象的外观属性主要在"外观"面板中进行。"外观"面板中存放着已经应用于对象的样式，例如填充、描边、透明度、3D、投影、羽化或应用到对象上的其他效果等，通过"外观"面板可以很方便地编辑这些外观属性。

知识点1 认识"外观"面板

执行"窗口-外观"命令，打开"外观"面板。"外观"面板包含了当前所选对象的所有外观属性，如图6-2所示。

图6-2

知识点 2 编辑对象外观

　　使用"外观"面板可以对选中对象
的属性进行更改。在"外观"面板中单
击需要更改的属性名称，在打开的面板
中重新设置参数，如图6-3所示。

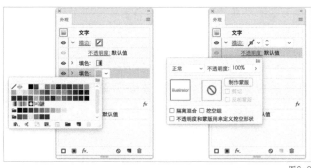

图6-3

知识点 3 删除或隐藏外观属性

　　如果要将对象的外观属性隐藏，可以单击选项前面的"可视性"按钮，将其暂时关闭，
如图6-4所示。再次单击"可视性"按钮可以显示外观属性。

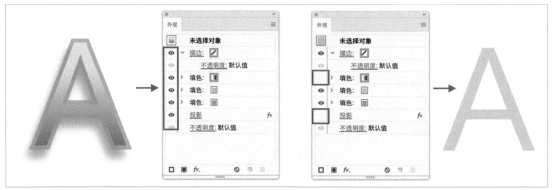

图6-4

　　如果要删除对象的外观属性，可以选中该属性后，单击"删除所选项目"按钮，也可以将
该属性拖曳至面板底部"删除所选项目"按钮处，进行删除。

　　选择图形后，如果只想要保留图形的填色与描边，删除其余效果，可以在面板菜单中执行
"简化至基本外观"命令，如图6-5所示。

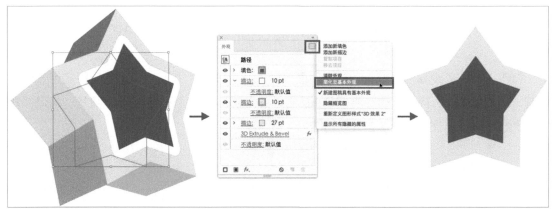

图6-5

　　选择对象后，如果执行"清除外观"命令，将出现两种状态，分别为将图像还原为初始状
态、将图形还原为路径状态，如图6-6所示。

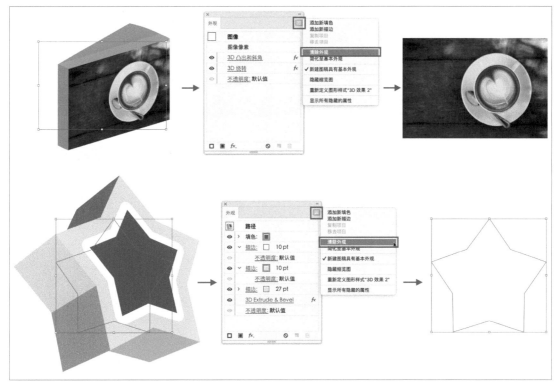

图6-6

第3节 3D效果

使用3D效果，可以将二维对象创建成三维对象，并且可以通过改变高光、阴影、旋转及更多的属性来控制3D对象的外观，同时还可以将符号贴到3D对象的每个表面上。

3D效果包含凸出和斜角、绕转、旋转3种特效。

知识点1 凸出和斜角效果

使用凸出和斜角效果可以为二维对象添加立体效果，创建的对象会沿着这二维对象的 z 轴纵深来创建三维效果，也就是为二维对象增加厚度，如图6-7所示。

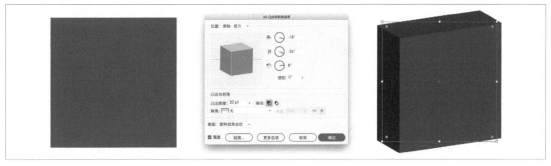

图6-7

1. 位置

"位置"下拉列表框用来控制对象的不同视图位置，其中预设了16种位置，也可以任意设置对象的旋转角度，如图6-8所示。

"透视"下拉列表框用来调整对象的透视角度，可以使对象的立体感更加真实，如图6-9所示。

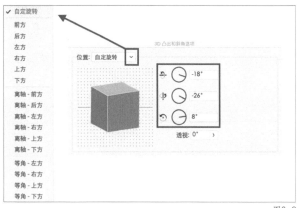

图6-8

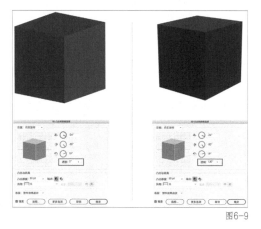

图6-9

2. 凸出与斜角

"凸出与斜角"选项组用于设置对象的凸出深度以及斜角变化，以创建更为复杂的立体效果。其参数设置界面如图6-10所示。

▋"凸出厚度"下拉列表框用于设置对象的深度，其值为0pt ~ 2000pt。

▋"端点"选项可以建立实心或空心外观，如图6-11所示。

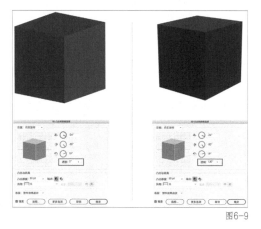

图6-10

▋"斜角"下拉列表框可以为3D对象边缘添加斜角效果，如图6-12所示。"高度"参数可以控制斜角的高度。单击"斜角外扩"按钮，可以将斜角添加至对象原始形状；单击"斜角内缩"按钮，可以从原始形状去除斜角。

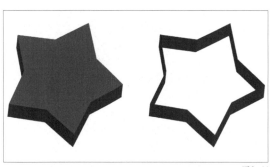

图6-11

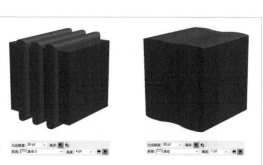

图6-12

3. 表面选项

在"3D凸出和斜角选项"对话框中单击"更多选项"按钮，可以展开"表面"选项组，如图6-13所示，可以对立体效果和表面显示效果进行详细参数设置。

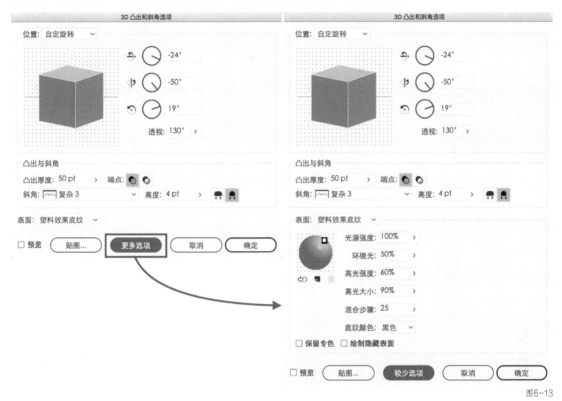

图6-13

在"表面"下拉列表框中提供了4种不同的渲染样式，包括线框、无底纹、扩散底纹、塑料效果底纹，如图6-14所示。

▎"线框"以轮廓线的模式显示对象。

▎"无底纹"只保留对象的外轮廓，但表面无明暗变化，看起来像平面效果。

▎"扩散底纹"显示对象表面有柔和的明暗变化，但不强烈，可以看出立体效果。

▎"塑料效果底纹"使对象模拟塑料的材质，有强烈的光线明暗变化。

4种表面渲染样式的效果如图6-15所示。

图6-14　　　　线框　　　无底纹　　　扩散底纹　　塑料效果底纹　　　图6-15

4. 贴图选项

在"3D凸出和斜角选项"对话框中单击"贴图"按钮，打开"贴图"对话框，可以将符号贴到3D对象的每个表面上，制作出更丰富的3D效果，如图6-16所示。

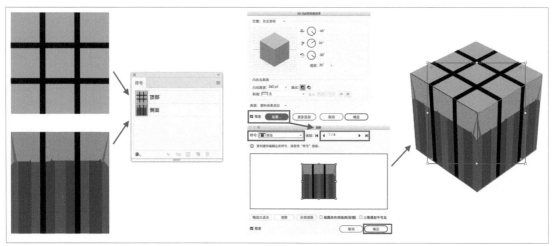

图6-16

知识点 2 绕转和旋转效果

使用绕转和旋转效果可以对对象的外形、位置方面的属性进行调整。绕转效果与凸出和斜角效果相似，都可以将平面的对象创建为立体效果，而旋转效果可以让平面的对象产生带有透视的扭曲效果。

1. 绕转

绕转可以使一条路径或剖面围绕全局 y 轴旋转，使其做圆周运动，从而创建立体效果，如图6-17所示。

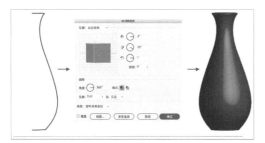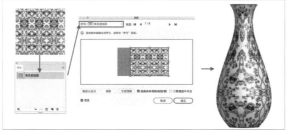

图6-17

2. 旋转

可以将对象在模拟的三维空间中旋转，以制作出三维空间效果，如图6-18所示。该效果参数设置与"3D凸出和斜角选项"对话框设置相同，在此不再详述。

图6-18

第4节 扭曲和变换

扭曲和变换是较常用的变形效果，主要用来修改图形对象的外观，包括变换、扭拧、扭转、收缩和膨胀、波纹效果、粗糙化和自由扭曲7种。

知识点 1 变换

变换效果可以对图形对象进行缩放、移动、旋转、镜像和复制等操作。选中要变换的图形，执行"效果－扭曲和变换－变换"命令，打开"变换效果"对话框，通过对话框设置变换操作，如图6-19所示。

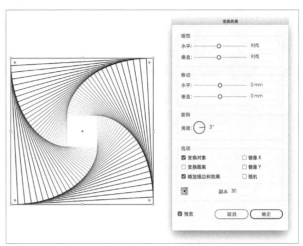

图6-19

知识点 2 扭拧

扭拧效果可以将图形对象随机地扭曲变化，执行"效果－扭曲和变换－扭拧"命令，打开"扭拧"对话框，可以使用绝对量或相对量设置垂直和水平扭曲，也可指定是否修改锚点、"导入"控制点、"导出"控制点实现扭拧效果，如图6-20所示。

图6-20

知识点 3 扭转

扭转效果可以沿着图形的中心点旋转对象，中心的旋转程度比边缘的旋转程度大。执行"效果－扭曲和变换－扭转"命令，打开"扭转"对话框，在"角度"文本框中输入正值将顺时针扭转，输入负值将逆时针扭转，如图6-21所示。

知识点 4 收缩和膨胀

收缩和膨胀效果可以在线段向内收缩时，向外拉出锚点；在线段向外膨胀时，向内拉入锚点。这两个选项都可以相对于对象的中心点拉出锚点。执行"效果－扭曲和变换－收缩和膨胀"命令，打开"收缩和膨胀"对话框，输入正值可使对象膨胀，输入负值可使对象收缩，如图6-22所示。

知识点 5 波纹效果

波纹效果可以将对象的路径变换为规则的锯齿波纹效果。执行"效果－扭曲和变换－波纹效果"命令，打开"波纹效果"对话框，设置路径隆起大小、数量、平滑顶点或尖锐顶点，如图6-23所示。

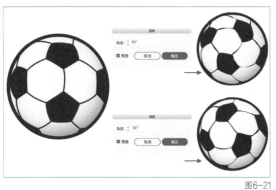

图6-21

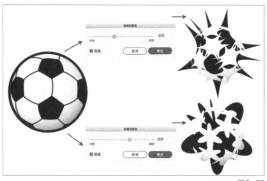

图6-22

知识点 6 粗糙化

粗糙化效果与波纹效果相似，但是将对象的路径变为不规则的锯齿效果。执行"效果－扭曲和变换－粗糙化"命令，打开"粗糙化"对话框，设置路径隆起大小、数量、平滑顶点或尖锐顶点，如图6-24所示。

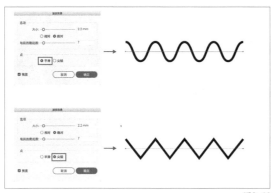

图6-23

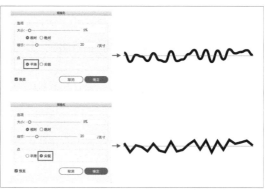

图6-24

知识点 7 自由扭曲

自由扭曲效果可以对图形进行自由的扭曲变形。执行"效果－扭曲和变换－自由扭曲"命令，打开"自由扭曲"对话框。在对话框中，使用鼠标指针拖曳控制框上的4个控制点来改变图形的形状，如图6-25所示。

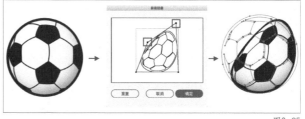

图6-25

第5节 风格化效果

风格化效果可以为对象添加内发光、圆角、外发光、投影、涂抹、羽化等增强对象外观的效果。

知识点 1 内发光

内发光效果可以在对象内部创建发光效果。执行"效果-风格化-内发光"命令,打开"内发光"对话框,在对话框中可以设置内发光的参数,如图6-26所示。

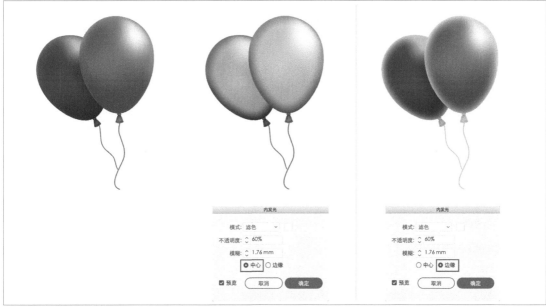

图6-26

"内发光"对话框中各参数的详细含义如下。

▊ "模式"下拉列表框可以设置内发光颜色的混合模式,常用选项为滤色模式。单击色块打开"拾色器"对话框,设置内发光的颜色为白色。

▊ "不透明度"文本框可以控制内发光颜色的不透明度。取值范围为0% ~ 100%,值越小,内发光的颜色越透明。

▊ "模糊"文本框可以设置需要发光的模糊范围。

▊ "中心和边缘"单选项可以控制内发光的发光位置。选择"中心"单选项,发光的位置由图形的中心发散;选择"边缘"单选项,发光的位置由图形内部边缘发散。

知识点 2 圆角

圆角效果可以将图形的角控制点转换为平滑的曲线,使尖角变成圆角效果。执行"效果-风格化-圆角"命令,打开"圆角"对话框,在对话框中可以设置圆角的参数,如图6-27所示。

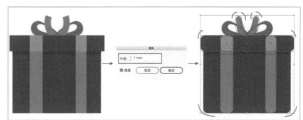

图6-27

知识点 3 外发光

外发光效果与内发光效果相似,可以在对象边缘创建发光效果。执行"效果-风格化-外发光"命令，打开"外发光"对话框，在对话框中可以设置外发光的参数，如图6-28所示。

知识点 4　投影

投影效果可以为对象添加阴影效果，以增加对象的立体效果。执行"效果－风格化－投影"命令，打开"投影"对话框，在对话框中可以设置投影的参数，如图6-29所示。

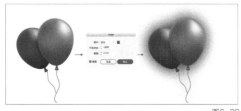

图6-28

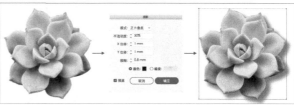

图6-29

"投影"对话框中参数的详细含义如下。

▌"模式"下拉列表框可以设置投影的混合模式。

▌"不透明度"文本框可以控制投影的不透明度。取值范围为0%～100%，值越小，内发光的颜色越透明。

▌"X位移"和"Y位移"文本框可以指定投影偏移对象的距离。

▌"模糊"文本框可以设置所需投影的模糊范围。

▌"颜色"单选项可以设置投影的颜色，单击色块打开"拾色器"对话框设置颜色。

▌"暗度"单选项可以设置投影添加的黑色深度的百分比。

知识点 5　涂抹

涂抹效果可以将描边或填色转换成类似手绘的效果。执行"效果－风格化－涂抹"命令，打开"涂抹选项"对话框，在对话框中可以设置涂抹的参数，如图6-30所示。

"涂抹"对话框中各参数的详细含义如下。

▌"角度"可以设置涂抹线条的方向。

▌"路径重叠"可以设置涂抹线条在图形内侧、中央还是外侧。

▌"描边宽度"可以设置涂抹线条的粗细。

▌"曲度"可以设置涂抹线条的弯曲程度。如果要改变涂抹线条之间曲度差异大小，可以修改其下的"变化"选项。

▌"间距"可以设置涂抹线条之间的间距。如果要改变涂抹线条之间的折叠间距差异，可以修改其下的"变化"选项。

知识点 6　羽化

羽化效果可以创建出柔和的边缘效果。执行"效果－风格化－羽化"命令，打开"羽化"对话框，在对话框中可以设置羽化的参数，如图6-31所示。

图6-30

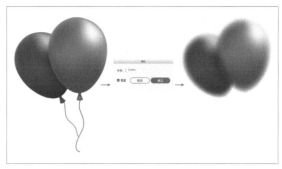

图6-31

第6节 综合应用

3D绕转功能可用于制作海报的主要视觉效果，如图6-32所示。其详细操作步骤如下。

（1）执行"文件－新建"命令，或按快捷键Ctrl+N，打开"新建文档"对话框。设置文件尺寸为1024px×1280px，画板为1，颜色模式为RGB，分辨率为72ppi，如图6-33所示。

（2）使用矩形工具绘制尺寸为1024px×1280px的矩形块，放置在画板中作为底色块，并将矩形的填充色设置为(R:210,G:50,B:65)，如图6-34所示。

图6-32

图6-33

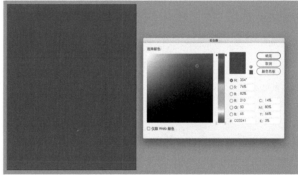

图6-34

（3）继续使用矩形工具绘制尺寸为750px×1000px的矩形块，放置在画板的中间，并执行"效果－风格化－投影"命令，打开"投影"对话框，在对话框中设置投影的参数，如图6-35所示。

（4）使用文本工具，制作周围装饰文字，如图6-36所示。文字设置的详细参数如下。

"Design"字体为Manbow Lines，字号50pt。

"Illustrator"字体为方正兰亭黑，字号30pt。

"2020"字体为方正兰亭黑，字号50pt。

"3D绕转功能"字体为方正兰亭黑，字号30pt。

（5）使用椭圆工具绘制尺寸为640px×640px的圆形，并删除圆形左侧的锚点，使其成为半圆，如图6-37所示。

（6）使用矩形工具绘制尺寸为614px×28px的矩形条，并进行复制，如图6-38所示。

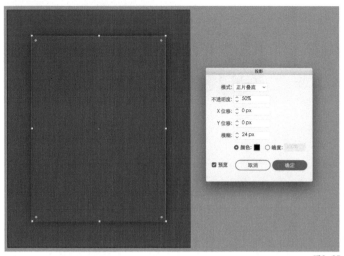

图6-35

图6-36

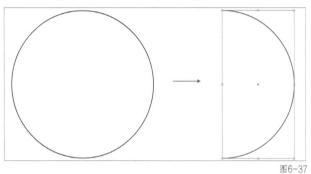

图6-37

图6-38

（7）选择全部的矩形条，执行"窗口-符号"命令，打开"符号"面板，然后将矩形条拖入"符号"面板中。在弹出的对话框中选择"静态符号"，并单击"确定"，如图6-39所示。

（8）选择半圆，执行"效果-3D-绕转"命令，打开"3D绕转选项"对话框，设置球体的旋转参数，如图6-40所示。

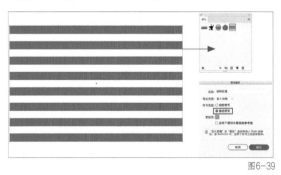

图6-39

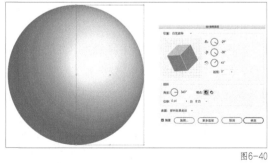

图6-40

（9）单击"贴图"按钮，打开"贴图"对话框。在"符号"下拉列表框中选择"绕转纹理"，然后单击"缩放以适合"按钮，同时勾选"三维模型不可见"复选框，如图6-41所示。

（10）选择制作好的旋转效果，然后执行"对象-扩展外观"命令，将旋转效果扩展为可编辑的路径，如图6-42所示。

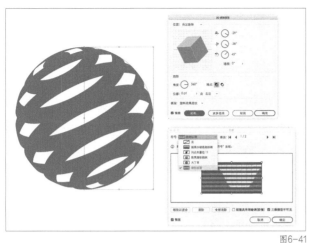 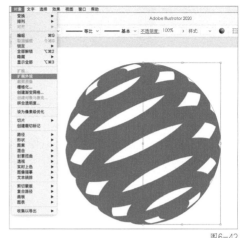

图6-41　　　　　　　　　　　　　　　　图6-42

（11）选择扩展后的形状右击，在弹出的快捷菜单中执行"取消编组"命令。此操作需重复执行两次，如图6-43所示。

（12）继续选择形状右击，在弹出的快捷菜单中执行"释放剪切蒙版"命令，这样球体正面和背面就可以独立出来，如图6-44所示。

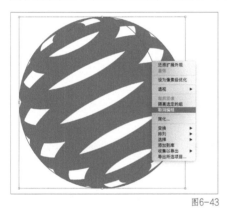 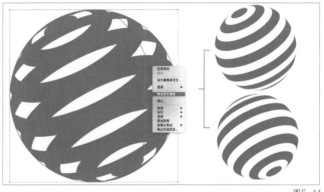

图6-43　　　　　　　　　　　　　　　　图6-44

（13）设置正面形状的填充色为(R:140,G:255,B:95)，设置背面形状的填充色为(R:170,G:180,B:85)，如图6-45所示。

将制作好的形状放置在画板中，如图6-46所示。

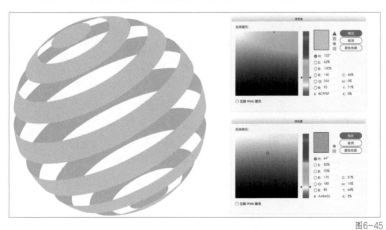 

图6-45　　　　　　　　　　　　　　　　图6-46

本课练习题

1. 填空题

（1）使用扭曲和变换中的_____命令，可以编辑对象的斜切效果。

（2）使用_____命令，可以快速删除对象的外观属性。

（3）使用_____命令，可以使对象沿 y 轴旋转后得到立体效果。

参考答案：（1）"自由扭曲"；（2）"清除外观"；（3）"绕转"。

2. 选择题

（1）下列关于外观属性、样式、效果描述不正确的是？（　　）

A. 外观属性包括填充、边线、透明或效果

B. 样式是一系列外观属性的集合

C. 为对象添加3D效果，可以在外观属性中再次编辑

D. 效果不是外观属性的一种形式

（2）下列关于删除外观属性的方法描述正确的是？（　　）

A. 在"外观"面板中选择属性，单击"删除"按钮

B. 执行"清除外观"命令

C. 直接将外观属性拖拉到删除按钮

D. 以上全都可以

（3）"应用上次使用滤镜"命令的快捷键是？（　　）

A. Ctrl+E　　　　B. Ctrl+Alt+E　　　　C. Ctrl+Shift+E　　　　D. Ctrl+Alt+F

（4）3D功能中的（　　）效果不能为对象添加贴图效果。

A. 旋转　　　　　B. 绕转　　　　　　C. 凸出和斜角　　　　D. 以上全都可以

参考答案：（1）D；（2）D；（3）B；（4）A。

3. 操作题

请根据图6-47所示效果完成球体图形的立体效果制作。

操作题要点提示

① 使用3D凸出与斜角功能制作立方体。

② 利用贴图功能，制作出立方体每个面的镂空效果。

③ 贴图时，需要勾选"三维模型不可见"复选框。

④ 独立编辑立方体每个面时需要执行"对象-扩展外观"命令。

图6-47

第 **7** 课

文本的创建和编辑

在Illustrator 2020中，文本的编辑功能非常强大，可以制作出各种复杂的页面排版效果。通过本课的学习，读者可以熟练掌握文本创建和编辑的技巧。

本课知识要点

◆ 创建文本
◆ "字符"面板的使用
◆ "段落"面板的使用
◆ 文本绕排的建立
◆ 封套文字的建立

第1节 创建文本

在Illustrator 2020中，提供了多种创建文本的工具，包括文字工具、区域文字工具、路径文字工具、直排文字工具、直排区域文字工具、直排路径文字工具、修饰文字工具7种，如图7-1所示。

知识点1 文字工具与直排文字工具的使用

文字工具和直排文字工具这两种工具的操作方法相同，使用文字工具创建的文字方向永远是水平排列，使用直排文字工具创建的文字方向永远是垂直排列，如图7-2所示。

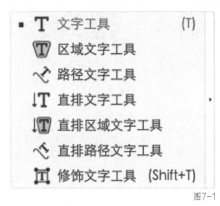

图7-1

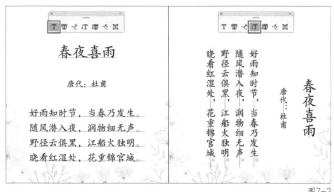

图7-2

使用文字工具和直排文字工具创建文本有两种方法：一种是点文本，另一种是段落文本。

1. 创建点文本

选择文字工具或直排文字工具，将鼠标指针移动到画板并单击，确定文字输入的起点，然后输入文字即可创建点本文，如图7-3所示。

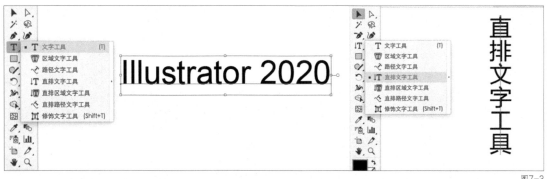

图7-3

提示 点文本的创建形式适合文字少而短的情况，如标题性文字。

结束文字的输入后，切换成其他工具可以退出文字编辑模式，或者单击画板中的任意位置，也可退出文本编辑模式。

使用选择工具，将鼠标指针放在文本框的边角进行拖曳可以调节文本框的大小比例。若拖曳时按住Shift键，可以等比例调节文本框的大小比例。

2. 创建段落文本

使用文字工具或直排文字工具，还可以创建段落文本。将鼠标指针移动到画板，按住鼠标左键进行拖曳，创建一个矩形文本框，然后在文本框中输入文字，文字会根据文本框的大小自动换行，不会超出文本框之外，如图7-4所示。

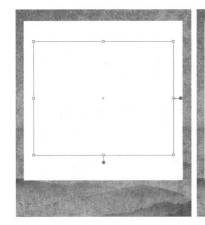 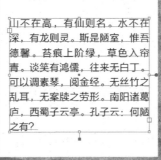 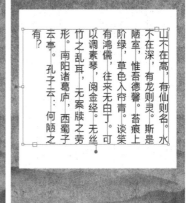

图7-4

> **提示** 段落文本的创建形式适合展示大量文字信息的情况。

文本框右下方出现红色加号时，表示当前文字数量已超出文本框的显示范围，文字未显示完整，需要手动进行调整。将文字显示完整有以下两种方法：使用鼠标指针将文本框的定界框拉大，使未显示的段落文字显示完整，如图7-5所示；将鼠标指针放在文本框底部小黑点上双击，可以一次性将文本框内的文字全部显示出来，如图7-6所示。

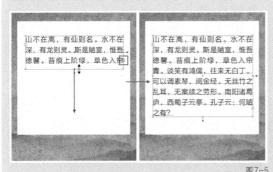 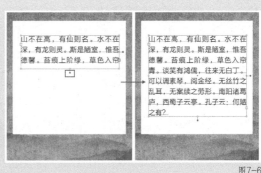

图7-5　　　　　　　　　　　　　　　图7-6

双击文本框右边界的小圆点，可以随时在点文本和段落文本之间进行切换。

知识点2 区域文字工具与直排区域文字工具的使用

区域文字工具和直排区域文字工具两种工具的操作方法相同，可以单击选中对象的路径边缘，将对象转换为文字输入区域，在其中进行文字的输入。使用区域文字工具创建的文字方向永远是水平排列；使用直排区域文字工具创建的文字方向永远是垂直排列，如图7-7所示。

图7-7

如果绘制的形状路径有填充和描边属性，使用区域文字工具或直排区域文字工具单击形状路径时，Illustrator 2020会自动将对象的填充和描边属性删除，只保留形状的路径。

绘制的形状路径应尽量是封闭路径，若是开放路径，在输入文字时，Illustrator 2020会在路径未闭合的两个端点之间自动绘制一条虚构的直线来定义文字的边界。

形状路径右下方出现红色加号时，表示当前文字数量已超出形状路径的显示范围，文字未显示完整，需要手动进行调整。将文字显示完整的方法在知识点1中讲过，这里就不再赘述。

知识点3 路径文字工具与直排路径文字工具的使用

路径文本是指沿着开放或封闭的路径排列的文字。路径文字工具和直排路径文字工具两种工具的操作方法相同，可以单击选中对象的路径边缘，将对象转换为文字输入路径，沿着路径线的走向进行文字输入。使用路径文字工具创建的文字走向永远与路径线平行；使用直排路径文字工具创建的文字走向永远与路径线垂直，如图7-8所示。

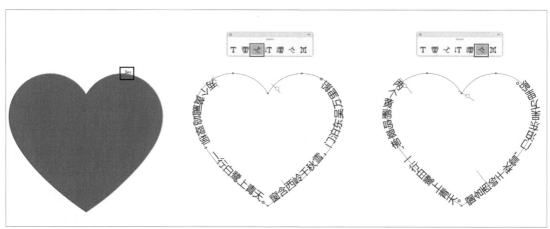

图7-8

1. 编辑路径文字

选中创建的路径文字，可以看到在路径文字上出现了3条标记线。在文字的起始点位置出现起始标记，路径的终点会出现终点标记，在起点标记与终点标记之间会出现中心标记，如图7-9所示。

图7-9

▌ 移动路径文字位置。使用选择工具，将鼠标指针放置于文字的中心标记上，鼠标指针呈现 状，可以沿路径线拖曳鼠标指针，调整路径文字的位置。也可将鼠标指针放置于文字的起始标记和终点标记上，调整起点位置和终点位置，如图7-10所示。

▌ 翻转路径文字方向。使用选择工具，将鼠标指针放置于文字的中心标记上，鼠标指针呈现 状，按住鼠标左键将中心标记向路径另一侧拖曳，可以将路径文字翻转，如图7-11所示。

移动中心标记　　　　　　　移动起点标记　　　　　　　移动终点标记

图7-10

2. 使用路径文字选项

执行"文字–路径文字–路径文字选项"命令，打开"路径文字选项"对话框，设置路径文字参数，如图7-12所示。

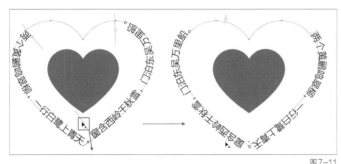

图7-11

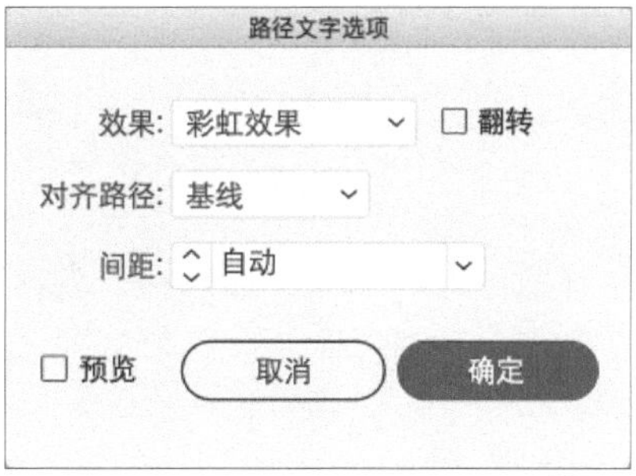

图7-12

"路径文字选项"对话框中各参数的详细含义如下。

▌ 效果：设置文字沿路径线排列的效果，包括彩虹效果、倾斜、3D带状效果、阶梯效果、重力效果，如图7-13所示。

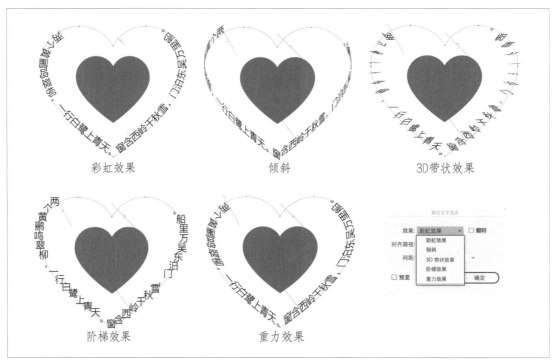

图7-13

■ 对齐路径：设置文字与路径的对齐方式，包括字母上缘、字母下缘、居中、基线，如图7-14所示。

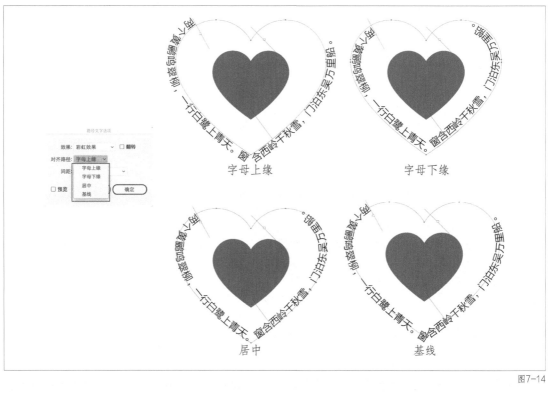

图7-14

▌间距：可以设置字符之间的距离。

▌翻转：勾选此复选框，可以让路径文字翻转。

第2节 编辑文本

在Illustrator 2020中，如果想对文字的字体、字号、段落格式等进行编辑，可以使用"字符"面板和"段落"面板。

知识点 1 "字符"面板的使用

执行"窗口–文字–字符"命令，可以打开"字符"面板，使用"字符"面板可以对字体、字号、行距、字符间距等属性进行精确调整，如图7-15所示。

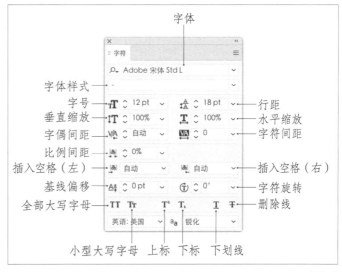

图7-15

1. 字体

字体是指文字本身呈现出来的字型效果，可以在"设置字体系列"下拉列表框中选择任意一款字体对文字进行设置。列表中的字体采用字体样式来显示名称，方便用户直观地观察字体样式，帮助用户快速选择合适的字体，如图7-16所示。

> **提示** 除设置字体外，还可以设置不同的字体样式，通过"设置字体样式"下拉列表框进行字体样式选择，如果某款字体没有字体样式可供选择，下拉列表框中会显示"–"。

2. 字号

字号是指文字的大小，常用度量单位为pt（点），默认文字字号为12pt。

调节字体字号可以在"设置字体大小"下拉列表框中进行，可以选择一个数值来设置文字大小，也可以直接在文本框输入具体数值来更改文字大小，如图7-17所示。

3. 行距

行距是指文字之间的垂直间距，是一行文字基线到下一行文字之间的距离，默认文字行距为字体大小的120%。

调节行距可以在"设置行距"下拉列表框中进行，可以选择一个数值来设置行距，也可以直接在文本框输入具体数值来更改字体的行距，如图7-18所示。

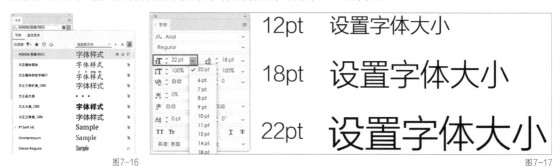

图7-16

图7-17

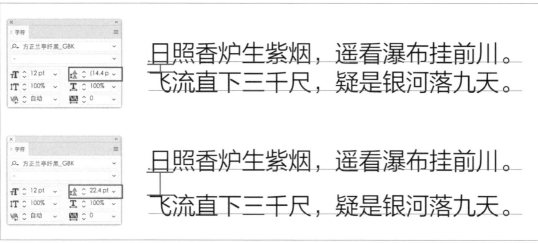

图7-18

提示　选择需要调节行距的文字，可通过按快捷键Alt+↑减小行距，按快捷键Alt+↓增大行距，每按一次快捷键行距变量为2pt。

4. 垂直/水平缩放

垂直/水平缩放选项可以调整文字高度和宽度的比例，如图7-19所示。

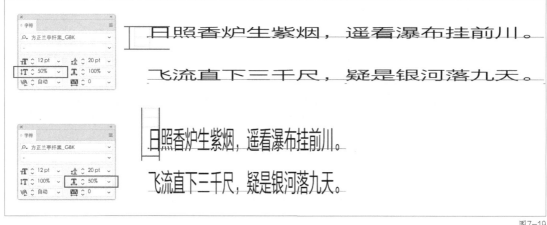

图7-19

5. 字偶/字符间距

字偶间距是指相邻两个文字之间的距离。字符间距是指所选的整行文字的文字与文字之间的水平距离。

设置字偶/字符间距有两种方式：一种是"设置两个字符间的字距微调"，指的是调节字偶间距，也就是两个字符之间的间距；另一种是"设置所选字符的字距调整"，指的是调节字符间距，也就是每个字符之间的间距。

▎ 字偶间距设置方法。将鼠标指针定位在两个字符之间，可以在"设置两个字符间的字距微调"下拉列表框中选择一个数值来设置字偶间距，也可以直接在文本框输入具体数值来修改字偶间距大小，如图7-20所示。

图7-20

▎ 字符间距设置方法。选择要调整的文字，可以在"设置所选字符的字距调整"下拉列表框中选择一个数值来设置字符间距，也可以直接在文本框输入具体数值来修改字符间距大小，如图7-21所示。

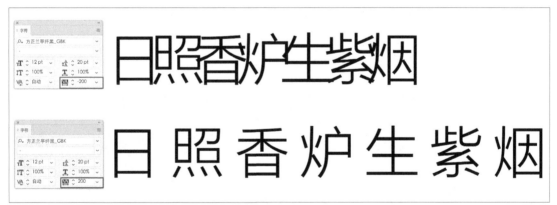

图7-21

> **提示** 选择需要调节字偶/字符间距的文字，可通过按快捷键Alt+←减小字距；按快捷键Alt+→增大字距，每按一次，数值将减少或增加20pt。
> 若按快捷键Alt+Ctrl+←可更大幅度地减少字距；按快捷键Alt+Ctrl+→可更大幅度地增大字距，每按一次，数值将减少或增加100pt。

6. 插入空格

插入空格是指在某个文字的左侧或者右侧插入空格，拉开字符间距。

插入空格有两种方式，一种是"插入空格（左）"，另一种是"插入空格（右）"。可以在"插入空格（左）"或"插入空格（右）"的下拉列表框中选择一个数值来设置要插入的空格。列表中包括1/8全角空格、1/4全角空格、1/2全角空格、3/4全角空格和1全角空格，如图7-22所示。

1全角空格	插入　空格
3/4全角空格	插入　空格
1/2全角空格	插入　空格
1/4全角空格	插入　空格
1/8全角空格	插入　空格

图7-22

7．基线偏移

基线偏移可以调节文字基线的上下偏移量。基线默认位于文字底部，通过调整该参数可以将文字向上或向下移动，一般常用来编辑数学公式、分子式等。

选择要调整的文字，可以在"设置基线偏移"下拉列表框中选择一个数值来设置基线偏移，也可以直接在文本框输入具体数值来修改基线偏移。默认基线偏移值为0，若输入正值，文字向上偏移，输入负值，文字向下偏移，如图7-23所示。

> **提示** 选中要调整基线偏移的文字，按快捷键Alt+Shift+↑，向上调整基线偏移量，按快捷键Alt+Shift+↓，向下调整基线偏移量，每按一次数值变化为2pt。

8．字符旋转

字符旋转是指文字按照文字本身的中心点进行旋转。在一整段文字中，可单独调节某几个文字或整体控制一段文字进行旋转。

选择要调整的文字，可以在"字符旋转"下拉列表框中选择一个数值来设置字符旋转角度，也可以直接在文本框输入具体数值来修改字符旋转角度。默认旋转角度是0，若输入正值，字符将逆时针旋转，输入负值，字符将顺时针旋转，如图7-24所示。

图7-23

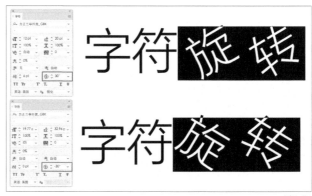

图7-24

知识点2　"段落"面板的使用

执行"窗口－文字－段落"命令，可以打开"段落"面板，使用"段落"面板可以对段落的对齐方式、缩进、段前和段后间距、文字避头尾法则等属性进行精确调整，如图7-25所示。

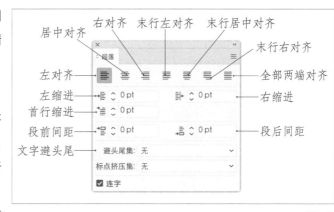

1. 段落对齐方式

"段落"面板中提供了7种对齐方式：左对齐、居中对齐、右对齐、末行左对齐、末行居中对齐、末行右对齐、全部两端对齐。

▎左对齐：可以使文本向左对齐。

▎居中对齐：可以使文本向中间对齐。

▎右对齐：可以使文本向右对齐。

▎末行左对齐：可以使文本左右两端对齐，最后一行文字单独向左对齐。

▎末行居中对齐：可以使文本左右两端对齐，最后一行文字单独居中对齐。

▎末行右对齐：可以使文本左右两端对齐，最后一行文字单独向右对齐。

▎全部两端对齐：可以使文本左右两端全部都对齐。

以上7种对齐方法的显示效果，如图7-26所示。

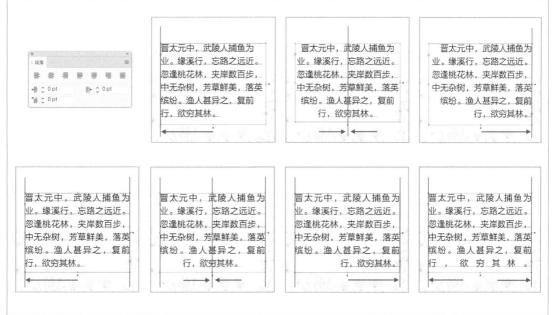

2. 段落缩进

缩进是指文本两端与文本框路径之间的间距。缩进只对所选的段落有用，主要包括3种缩进方式：左缩进、右缩进、首行缩进。

▎左缩进：是指文本两端与文本框路径左侧的间距。

▎右缩进：是指文本两端与文本框路径右侧的间距。

▎首行缩进：是指第一行文本左侧距离文本框路径左侧的间距。

以上3种缩进方法的显示效果如图7-27所示。

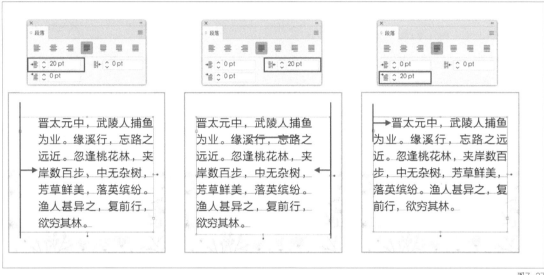

图7-27

3．段落间距

段落间距是指每个段落之间的上下间距，主要包括两种间距方式：段前间距和段后间距。

▎段前间距：是指当前段落与前一个段落之间的间距。

▎段后间距：是指当前段落与后一个段落之间的间距。

以上两种缩进方法的显示效果如图7-28所示。

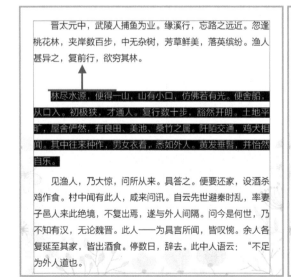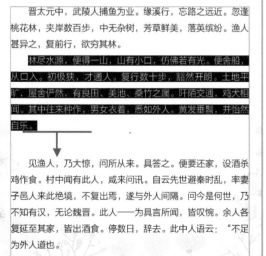

图7-28

4. 文字避头尾

文字避头尾是指设置不能位于行首或行尾的字符。避头尾主要设置用于中文文本的换行方式，可以在避头尾集下拉列表框中，修改现有的严格或宽松设置，如图7-29所示。

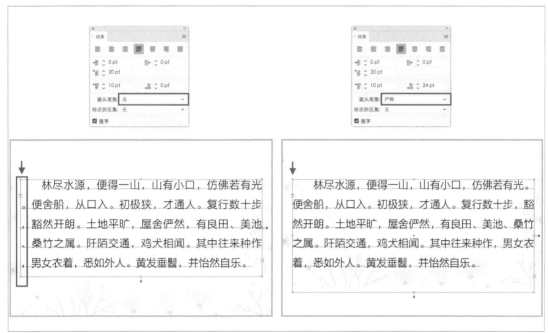

图7-29

第3节 文本绕排的建立

使用文本绕排可以将区域文本绕排在对象周围，对象包括文字对象、图形以及导入的图像。如果绕排对象是导入的位图图像，文本会在不透明或半透明的像素周围绕排，而忽略完全透明的像素。

知识点 1 文本绕排注意事项

要想创建文本绕排，必须满足以下条件。

▌ 文字属性必须为段落文本或区域文本，而不是点文本。

▌ 绕排对象与文字必须处于同一个图层中，可通过执行"窗口–图层"命令打开"图层"面板，查看图层的堆叠顺序。

▌ 绕排的对象必须在文本的上层，并且摆放位置上有相互重叠的部分。

知识点 2 创建文本绕排

选择绕排对象与区域文本，执行"对象–文本绕排–建立"命令，即可实现文字绕排效果，如图7-30所示。

知识点 3　编辑文本绕排

修改文本绕排设置，可以执行"对象－文本绕排－文本绕排选项"命令，打开"文本绕排选项"对话框，通过设置位移值调节文字在绕排时与图形边缘的间距，如图7-31所示。

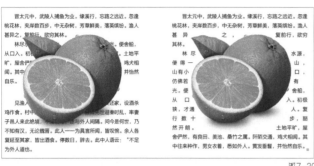

图7-30

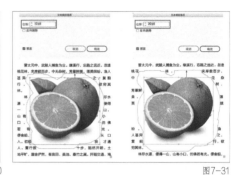

图7-31

知识点 4　释放文本绕排

要想取消文本绕排，可以执行"对象－文本绕排－释放"命令将其释放。

第4节　封套文字的建立

在Illustrator 2020中，封套扭曲是一个特色扭曲功能，能使图形和文字变形时更加灵活。由于图形和文字的封套建立方式相同，接下来就以文字为例，讲解封套文字的建立。

封套扭曲有3种建立类型：用变形建立、用网格建立、用顶层对象建立。较常用的是用顶层对象建立，使用"用顶层对象建立"命令可以将选择的文字对象，以上方图形为基础进行变形。

使用顶层对象建立封套文字

选择需要建立封套文字的文本及文本上方图形，执行"对象－封套扭曲－用顶层对象建立"命令，即可完成封套文字的建立，如图7-32所示。

> **提示**　执行"对象-封套扭曲-编辑内容"命令，可修改文字内容。
> 　　　　执行"对象-封套扭曲-编辑封套"命令，可修改封套形状路径。
> 　　　　执行"对象-封套扭曲-释放"命令，可取消封套。

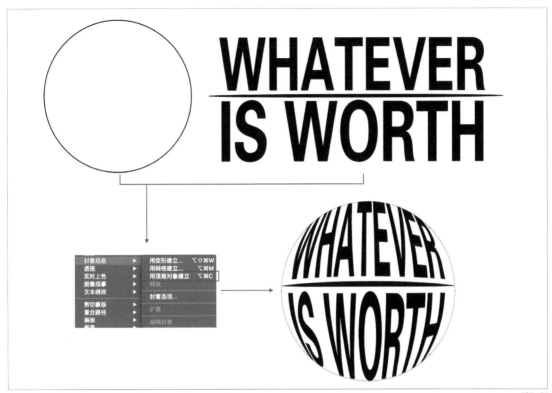

图7-32

本课练习题

1. 填空题

（1）快速增大文本行间距的快捷键是_____。

（2）在"段落"面板中提供了7种对齐方式：左对齐、居中对齐、_____、_____、_____、末行右对齐、全部两端对齐。

（3）使用_____工具，可以使文字围绕着一条路径线排列。

参考答案：（1）Alt+↓；（2）右对齐、末行左对齐、末行居中对齐；（3）路径文字工具。

2. 选择题

（1）在Illustrator 2020中，提供了几种文字输入工具？（　　　）

A. 6种　　　　　　　　B. 5种　　　　　　　　C. 4种　　　　　　　　D. 7种

（2）在"段落"面板中，提供了5种文字的对齐方式，下列哪种方式不包括其中？（　　　）

A. 左对齐　　　　B. 居中对齐　　　　C. 全部两端齐行　　　　D. 顶部对齐

（3）下列有关文本编辑描述正确的是？（　　　）

A. 文本框的右下角出现带加号的方块时，表示有些文字被隐藏了，没有完全显示

B. 点文本可以拉动文本框调节文字换行

C. 文本框的形状只能是矩形

D. 文字可以围绕图形排列，但不可以围绕路径进行排列

（4）默认文字行距是字体大小的（　　　）。

A. 100%　　　　　　　　　　　　　B. 120%

C. 140%　　　　　　　　　　　　　D. 160%

参考答案：（1）A；（2）D；（3）A；（4）B。

图7-33

3. 操作题

根据图7-33所示的制作文字海报。

尺寸要求：210mm×297mm

操作题要点提示

① 先制作酒杯封套文字。输入文字，使用钢笔绘制高脚杯形状。选中文字和高脚杯，执行"对象-封套扭曲-用顶层对象建立"命令，此时文字就会扭曲为酒杯的形状，如图7-34所示。

② 背景底纹"艺术"两字复制为双层，一层填色，一层描边。注意调节图层不透明度，如图7-35所示。

图7-34

图7-35

第 **8** 课

对象的高级操作

Illustrator 2020有很多高级绘图的工具，如混合工具、图像描摹等，使用这些工具可以建立丰富的效果，制作出各种复杂的对象。通过本课的学习，读者可以熟练掌握这些工具的使用技巧。

本课知识要点
- 混合工具的使用
- 图像描摹工具的应用

第1节 混合对象

混合对象是指可以在两个或多个选定对象之间自动创建过渡效果。通过混合可以在开发路径、闭合路径、颜色之间创建平滑的过渡效果。在设计作品时，可以使用混合对象绘制出很多酷炫的效果，如图8-1所示。

要想做出以上效果，首先需要掌握混合工具的使用方法。接下来将详细讲解混合工具的使用方法。

知识点 1 创建混合对象

创建混合对象的方式有两种——使用"混合"命令和使用混合工具。

1. 使用"混合"命令创建混合对象

选择需要混合的对象，执行"对象–混合–建立"命令，即可在对象之间创建混合过渡效果，如图8-2所示。

图8-1

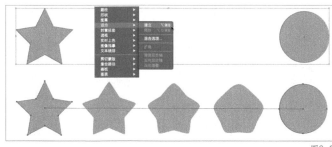

图8-2

2. 使用混合工具创建混合对象

在工具箱中选择混合工具，然后将鼠标指针移动到第一个对象上，鼠标指针呈现白色方块状时单击对象，再次单击其他对象，即可在对象之间创建混合过渡效果，如图8-3所示。

> **提示** 选择要混合的对象后，可以使用快捷键Ctrl+Alt+B进行创建。
> 混合后的对象叫混合对象。

知识点 2 编辑混合对象

混合工具提供了各种不同的混合方法，双击"混合工具"按钮，打开"混合选项"对话框；或执行"对象–混合–混合选项"命令，打开"混合选项"对话框，设置混合选项，如图8-4所示。

在"混合选项"对话框的"间距"下拉列表框中可以设置3种混合过渡方式，包括平滑颜色、指定的步数、指定的距离，如图8-5所示。

▌平滑颜色：自动计算混合的步数，让颜色达到最佳过渡效果。

▌指定的步数：可以设置具体的混合步数，控制混合开始与混合结束之间的步数。

▌指定的距离：控制混合对象之间的距离。指定的距离是指一个对象的边缘到下一个对象相对应边缘之间的距离。

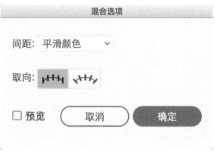

图8-3

图8-4

"混合选项"对话框中的"取向"可以控制混合对象的方向，如图8-6所示。

▌对齐页面：使混合垂直于页面的x轴。

▌对齐路径：使混合垂直于路径。

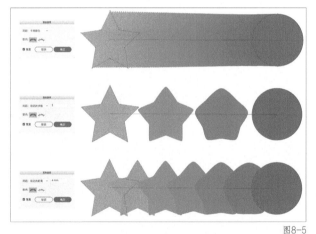

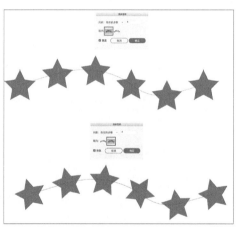

图8-5

图8-6

知识点 3 替换混合轴

混合轴是混合对象之间的一条路径线。默认情况下，混合轴会形成一条直线，如图8-7所示。

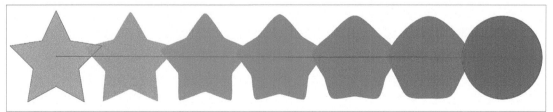

图8-7

如果要更换当前混合对象的混合轴，可以选择当前混合对象和新绘制的路径线，执行"对象－混合－替换混合轴"命令，即可完成混合轴替换，如图8-8所示。

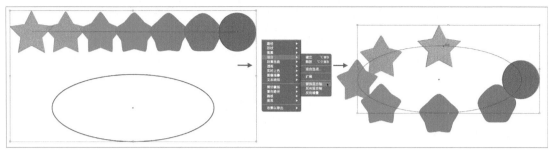

图8-8

知识点 4 释放混合对象

选择混合对象，执行"对象－混合－释放"命令，即可将混合对象释放，只保留原有图形和一条混合路径，如图8-9所示。

知识点 5 扩展混合对象

选择混合对象，执行"对象－混合－扩展"命令，可以将混合过渡中间的效果分解出来，使其成为独立可编辑的对象，如图8-10所示。

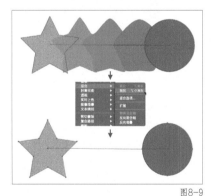

图8-9

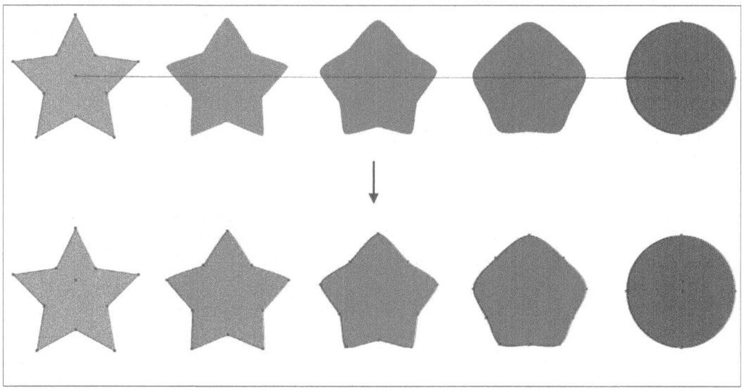

图8-10

知识点 6 混合工具的应用

使用混合工具可以制作出酷炫的效果。接下来通过使用混合工具快速制作渐变立体字，效果如图8-11所示。其详细操作步骤如下。

（1）打开素材包中提供的命名为"混合工具.ai"的源文件，如图8-12所示。

（2）使用两组单色分别制作出渐变色，如图8-13所示。

（3）将制作出的两个渐变色分别复制一个，然后使用工具箱中的混合工具制作出混合效果，如图8-14所示。

（4）将制作好的混合效果复制一个，并选择字母M路径，执行"对象－混合－替换混合轴"命令，将混合效果转换到M路径线上，如图8-15所示。

图8-11

图8-12

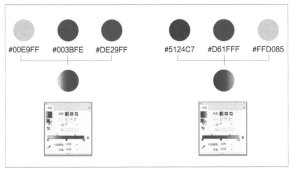

图8-13

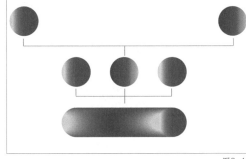

图8-14

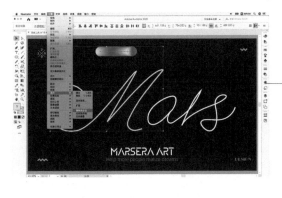

图8-15

（5）双击工具箱中的"混合工具"按钮，打开"混合选项"对话框，设置指定的步数为900，如图8-16所示。

（6）继续将制作好的混合效果复制一个，并选择字母ars路径，执行"对象－混合－替换混合轴"命令，将混合效果转换到ars路径线上，如图8-17所示。

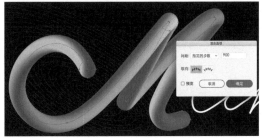

图8-16

（7）双击工具箱中的"混合工具"按钮，打开"混合选项"对话框，设置指定的步数为900，如图8-18所示。

混合渐变字的最终效果如图8-19所示。

图8-17

图8-18

图8-19

第2节　图像描摹

在绘制图稿时，运用图像描摹功能可以快速地提取图像中的元素并将其转为矢量图形。在使用图像描摹将图片转化成图形后，执行"扩展"命令，就可以编辑描摹结果。

知识点 1　创建图像描摹

创建图像描摹的方式有两种，可以使用"图像描摹"命令和"图像描摹"面板来创建图像描摹对象。

1. 使用"图像描摹"命令创建图像描摹

在Illustrator 2020中选择置入的图像，执行"对象-图像描摹-建立"命令，默认情况下，图像会转换成黑白描摹结果，如图8-20所示。

2. 使用"图像描摹"面板创建图像描摹

在Illustrator 2020中选择置入的图像，执行"窗口-图像描摹"命令，打开"图像描摹"面板。勾选"预览"复选框即可看到描摹结果，如图8-21所示。

知识点 2　编辑图像描摹

创建后的图像描摹结果可以通过"图像描摹"面板进行编辑。在控制栏或属性中单击"图像描摹"按钮，打开"图像描摹"面板，如图8-22所示。

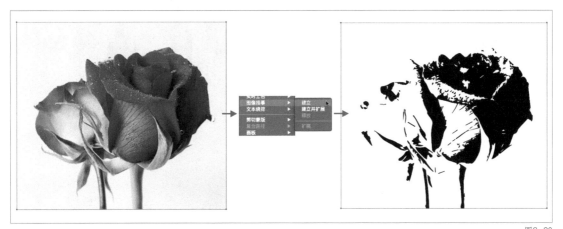

图8-20

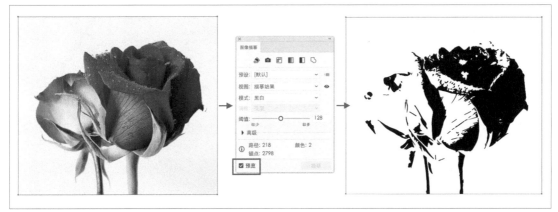

图8-21

"图像描摹"对话框中各参数的详细含义如下。

在"预设"下拉列表框中可以设置多种描摹效果，包括自动着色、高色、底色、灰度、黑白、轮廓等，如图8-23所示。

▌ 自动着色：创建色调分离的图像。

▌ 高色：创建具有高保真度的真实感图像。

▌ 底色：创建简化的真实感图像。

▌ 灰度：将图像描摹到灰色背景中。

▌ 黑白：将图像简化为黑白图稿。

▌ 轮廓：将图像简化为黑色轮廓。

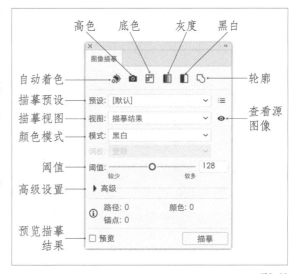

图8-22

在"视图"下拉列表框中可以设置图像描摹结果的5种显示模式，包括描摹结果、描摹结果（带轮廓）、轮廓、轮廓（带源图像）、源图像，如图8-24所示。

图8-23

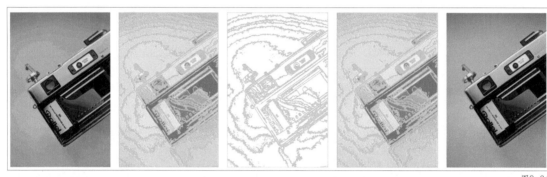

图8-24

在"模式"下拉列表框中可以设置图形描摹结果的3种颜色模式，包括颜色、灰度、黑白。

▌颜色：描摹结果以彩色显示。

▌灰度：描摹结果以灰度显示。

▌黑白：描摹结果以黑白显示。

在"高级"选项组中可以更细致地调节描摹结果，包括路径、边角、杂色、方法、填色、描边、将曲线与线条对齐、忽略白色。

▌路径：可以控制描摹结果中路径的疏密，数值越大表示契合越紧密。

▌边角：可以控制描摹结果中路径边角的弯曲度，数值越大角点越多。

▌杂色：忽略指定像素大小的区域来减少杂色，数值越大杂色越少。

▌方法：可以设置描摹方式，包含邻接和重叠。

▌填色：在描摹结果中创建填色区域。

▌描边：在描摹结果中创建描边路径。

▌将曲线与线条对齐：可以将稍微弯曲的线调整为直线。

▌忽略白色：将描摹结果中的白色区域去除，只保留有图像信息的部分。

知识点3 图像描摹的应用

图像描摹可以快速提取图像中的元素，将其转换为可编辑矢量图形。接下来使用图像描摹工具快速制作一枚印章，如图8-25所示。其详细的操作步骤如下。

（1）准备一张印章图片，如图8-26所示，将其复制到Illustrator 2020画板中。

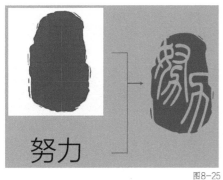

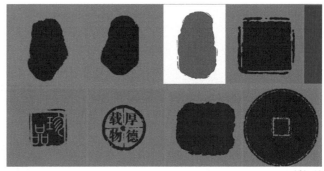

图8-25

图8-26

（2）选择印章图像，执行"窗口-图像描摹"命令，打开"图像描摹"面板，勾选"预览"和"忽略白色"复选框，并单击"扩展"按钮，如图8-27所示。

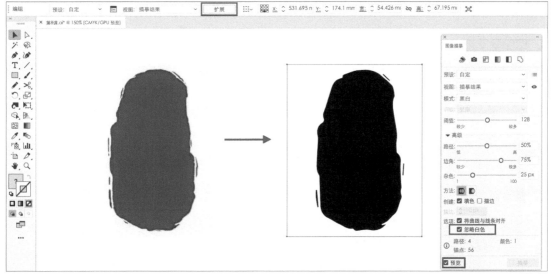

图8-27

（3）使用文本工具输入需要的文字，并将文字字体设置为篆书，如图8-28所示。

（4）将印章图形与文字进行组合排列，调整出想要的造型效果，并将印章图形的填充色设置为(C:0%,M:95%,Y:90%,K:0%)，如图8-29所示。

图8-28

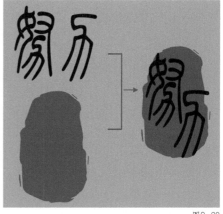

图8-29

> **提示** 如果想独立编辑文字，需要执行"文字-创建轮廓"命令，或按快捷键Ctrl+Shift+O，即可将文本转为图形。

（5）选择组合好的印章，执行"窗口-路径查找器"命令，打开"路径查找器"面板，单击"减去顶层"按钮，将文字从图形中减去，创建最终印章效果，如图8-30所示。

图8-30

本课练习题

1. 填空题

（1）创建混合对象的快捷键是_____。

（2）如果将混合对象之间的过渡数量固定为具体数值，可以将混合选项中的间距设置成_____模式。

（3）使用_____工具，可以将图像转换为矢量图形。

参考答案：（1）Ctrl+Alt+B；（2）指定的步数；（3）图像描摹。

2. 选择题

（1）使用（　　）命令，可以使混合对象只保留原有图形和一条混合路径。

A．"释放"　　　　　B．"扩展"　　　　　　　C．"编辑内容"　　　　　D．"建立混合"

（2）下列有关混合对象描述不正确的是？（　　　）

A．建立混合对象后可以修改对象的大小、颜色等参数

B．混合对象可以建立10个对象之间的混合效果

C．如果需要单独编辑混合对象中间的过渡效果，可以将混合对象释放

D．使用混合工具可以将路径对象进行混合

（3）创建图像描摹时，描摹结果默认状态是（　　　）颜色模式。

A．灰度　　　　　B．渐变　　　　　　　C．颜色　　　　　　　D．黑白

（4）如果想让创建的图像描摹去除描摹结果中的白色区域，可以勾选（　　　）复选框。

A．忽略白色　　　　B．删除　　　　　　C．去掉白色　　　　　D．镂空

参考答案：（1）A；（2）D；（3）D；（4）A。

3. 操作题

结合本课所学混合工具的用法，制作出图8-31所示的效果。

图8-31

操作题要点提示

① 使用星形工具，绘制12角星，并添加渐变色，如图8-32所示。

② 将绘制的12角星进行复制，并选中两个，使用混合工具创建混合效果，如图8-33所示。

图8-32

图8-33

③ 使用钢笔工具绘制想要的路径，并将对象替换混合轴，创建新的效果，如图8-34所示。

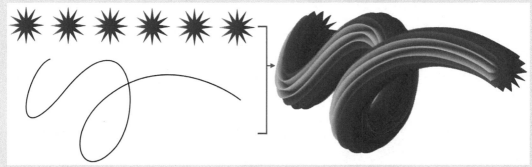

图8-34

④ 使用剪切蒙版工具保留想要的部分，并添加装饰元素。

第 **9** 课

打印与输出

在Illustrator 2020中，设计的作品需要有物质载体才能完美地呈现给受众。作品除了借助电子设备，还可以经过印刷展示，好的印刷工艺可以让作品带给人极大的视觉冲击力，展现作品的魅力。通过本课的学习，读者可以了解印刷的相关知识和印前的准备与检查流程。

本课知识要点

◆ 印刷方式

◆ 印刷纸张

◆ 印刷工艺

◆ 印前准备与检查

◆ 打印设置

第1节 印刷方式

在选择印刷输出时，根据作品的实际用途、数量、成本等需求，可以选择不同的方式进行打印输出。

知识点 1 常规打印机打印

使用常规打印机可以很方便地打印图稿小样进行检查，适合少量或快速预览时使用。对于质量高、数量多的打印需求，此方法就不适用了，如图9-1所示。

知识点 2 数码印刷

数码印刷又称"短版印刷"或"数字印刷"，是利用印前系统将图文信息通过网络传输到数字印刷机上印刷出彩色印品的印刷技术。其最大的特点就是无需胶卷，印刷机可以直接按需印刷，并且数据可变、能及时更正印刷错误。数码印刷一张起印、立等可取，一般适合印量为50 ~ 3000份的印刷需求，如图9-2所示。

知识点 3 传统印刷

传统印刷一般指有版印刷，包括胶印（平版印刷）、凹版印刷、凸版印刷以及孔版印刷（丝印）4种，这也是根据其印版的结构特征进行分类的，如图9-3所示。

图9-1 　　　　　　　　　　图9-2 　　　　　　　　　　图9-3

印刷可分为3个阶段：印前、印中、印后。包括原稿的选择和设计、原版制作、印版晒制、印刷、印后加工等过程。印刷的要求严格，周期相对较长，制作成本较高，印刷成品的质量也非常高。常见的书籍、报刊就是传统印刷印制，一般适合印量在3000份以上的印刷需求。

第2节 印刷纸张

纸张的分类有很多，一般分为涂布纸、非涂布纸。涂布纸一般指铜版纸（光铜）和哑粉纸（无光铜），多用于彩色印刷；非涂布纸一般指胶版纸、新闻纸，多用于信纸、信封和报纸等的印刷。

知识点 1 铜版纸

铜版纸是印刷中最常用的纸张之一。它表面经过涂布上光处理，因此平滑有光泽、白度高、着墨性能好，能反射光谱中所有的色彩，获得较佳的印刷效果。铜版纸还分为单铜、双铜、亚光铜，如图9-4所示。

铜版纸主要用于印刷高档画册、高档杂志封面、明信片、精美的产品包装、手提袋等高档彩色印刷品。

铜版纸常见克重有105g、128g、157g、200g、250g、300g等。

知识点 2 胶版纸

胶版纸又称"道林纸"。它有着较高的强度和适印性能，伸缩性小，对油墨的吸收较为均匀，平滑度好，质地紧密、不透明，抗水性能强，如图9-5所示。

胶版纸主要用于印制单色或多色的书籍、画册、杂志插页、画报、地图、宣传画、信封等印刷品。

胶版纸常见克重有70g、80g、90g、120g、150g等。

知识点 3 白卡纸

白卡纸是一种纯优质木浆制成的、较厚实、坚挺的白色卡纸，经压光或压纹处理，有较高的挺度、耐破度和平滑度，纸面平整、油墨吸收性佳、光泽度好，如图9-6所示。

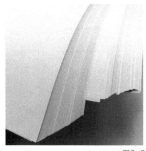

图9-4 图9-5 图9-6

白卡纸主要用于印刷名片、证书、请柬、封皮、台历、明信片等印刷品。

白卡纸常见克重有180g、200g、250g、300g、350g等。

知识点 4 牛皮纸

牛皮纸是用针叶木硫酸盐本色浆制成，通常呈棕黄色。其质地坚韧耐水，耐破度高，能承受较大拉力和压力，不易破裂，如图9-7所示。

牛皮纸主要用于印刷包装袋、文件袋、信封、名片、吊牌等印刷品。

牛皮纸常见克重有80g、100g、120g、150g、250g、300g、350g等。

知识点 5 珠光纸

珠光纸是由底层纤维、填料和表面涂层3部分组成，表面可以看到珠光一样的光泽，如图9-8所示。

珠光纸主要用于印刷高档画册、贺卡、吊牌、个性相册、书刊，台历、精美包装等印刷品。

珠光纸常见克重有120g、250g、280g等。

知识点 6 硫酸纸

硫酸纸是一种半透明纸，纸质纯净、强度高、耐晒、耐高温、抗老化，可以对其施行上蜡、涂布、压花、起皱等工艺，如图9-9所示。

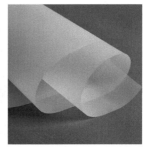

图9-7　　　　　　　　　　　　　　　　　图9-8　　　　　　　　　　　　　　　　　图9-9

硫酸纸主要用于印刷高档画册衬纸、包装衬纸、书籍扉页等印刷品。

硫酸纸常见克重有63g、73g、83g、90g等。

知识点 7 瓦楞纸

瓦楞纸是商品包装领域中应用较为广泛的原材料之一。其重量轻、有较高的强度、较好的弹性和延展性，能够起到一定的防冲减震作用，如图9-10所示。

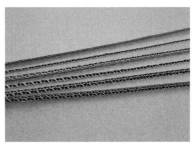

图9-10

第3节 印刷工艺

印刷工艺属于印后阶段的工艺，泛指印刷品的后期加工，常用的印刷工艺包括烫金/烫银、起凸/压凹、UV、模切、覆膜等工艺。

知识点 1 烫金 / 烫银工艺

热移印工艺，俗称"烫金""烫银"，是指借助一定的压力和温度将金属箔烫印到印刷品上的方法，如图9-11所示。

知识点 2 起凸 / 压凹工艺

靠压力使承印物体产生局部变化形成图案的工艺。

▌ 起凸：在印刷品表面压印具有立体感的阳刻浮雕效果的图案，如图9-12所示。

▌ 压凹：在印刷品表面压印具有凹陷感的阴刻浮雕效果的图案，如图9-13所示。

知识点 3 UV 工艺

通过紫外线照射将UV胶（光敏胶）满版或局部固化在印刷品表面的特殊工艺。能够在印刷品表面呈现多种艺术特效，令印刷品显得更加精美，如图9-14所示。

图9-11　　　　　　　图9-12　　　　　　　图9-13　　　　　　　　　　图9-14

知识点 4 模切工艺

利用钢刀、钢线排列成模板，在压力作用下将印刷品加工成所要求形状的工艺，如图9-15所示。

知识点 5 覆膜工艺

在印好的纸张上叠压一层透明的塑料胶膜，有光膜、哑膜、触感膜等，可以起到保护和提升质感的作用，如图9-16所示。

图9-15　　　　　　　　　　　　　　　　　　　　　　　　　　　图9-16

第4节 印前准备与检查

设计稿在印刷前需要进行反复、认真的检查，以避免在印刷后出现内容错误等印刷事故。

在印刷前先对文档进行检查，是一件非常重要的事情。

知识点 1 检查文档

检查文档时应注意检查文档中文字字体是否正确，区域文字是否显示完整；检查图像是否显示正常，有无丢失或者超出画板区域。

知识点 2 拼写检查

Illustrator 2020可以对英文的拼写进行查错，并对拼写错误的英文单词给予提示。在印刷前可以执行"编辑-拼写检查-拼写检查"命令，打开"拼写检查"对话框，单击"开始"按钮，软件会自动对文档中的英文进行检查，如发现错误拼写，会自动定位到该单词的位置。如果单词实际并无问题，可以单击"忽略"按钮。如果有问题，可以在"建议单词"下拉列表框中选择正确的单词，单击"更改"按钮，即可完成替换，如图9-17所示。

知识点 3 清理不可见对象

在绘图的过程中，可能会创建一些不可见对象，例如空文本路径、游离点、未上色对象等，这些都会占用文档内存数据。可以执行"对象-路径-清理"命令，打开"清理"对话框，勾选需要清理的选项的复选框，单击"确定"按钮进行清理，如图9-18所示。

知识点 4 拼合透明度

在绘图过程中，有时需要对对象进行不透明度的设置，使对象不能达到100%的不透明度。如果需要对文档印刷输出，就需要对不透明度对象进行拼合透明度设置，以保证印刷颜色不偏色。

选择需要设置的对象，执行"对象-拼合透明度"命令，打开"拼合透明度"对话框，如图9-19所示。对话框中预设了4种模式，包括高分辨率、中分辨率、低分辨率、用于复杂图稿的预设选项。

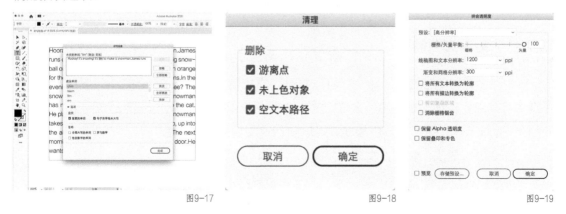

图9-17　　　　　　　　　图9-18　　　　　　　　　图9-19

"拼合透明度"对话框中各参数的详细含义如下。

▌ 高分辨率：用于最终印刷输出和高质量校样。

▌ 中分辨率：用于桌面校样，以及要在 PostScript 彩色打印机上打印的打印文档。

▌ 低分辨率：用于要在黑白桌面打印机上打印的快速校样，以及要在网页发布的文档或要导出格式为 SVG 的文档。

▌ 用于复杂图稿：针对复杂图稿的简化型透明度拼合，基于高分辨率。

▌ 栅格/矢量平衡：指的是矢量数据的保留量，更高的设置将保留更多的矢量对象，更低的设置将栅格化更多的矢量对象。

▌ 线稿图与文本分辨率：所有对象（包括图像、矢量作品、文本和渐变等）栅格到指定的像素。更高像素的数值将得到更高品质的栅格化图像。线状图和文本分辨率一般应设置为 600ppi ～ 1200ppi，以提供较高质量的栅格化，特别是带有衬线的字体或小号字体。

▌ 渐变和网格分辨率：为由于拼合而栅格化的渐变和 Illustrator 2020 的网格对象指定分辨率，更高像素的数值将得到更高品质的栅格化图像。渐变和网格分辨率一般应设置为 150ppi ～ 300ppi，这是由于较高的分辨率并不会提高渐变、投影和羽化的品质，但会增加打印时间和文件大小。

▌ 将所有文本转换为轮廓：将所有的文本对象转换为轮廓，文本将变成矢量图形，不可以再输入或编辑字符与段落格式。

▌ 将所有描边转换为轮廓：将所有的描边转换为填充状态，其作用类似于"扩展"命令。

▌ 修建复杂区域：确保矢量作品和栅格化作品间的边界按照对象路径延伸。当对象的一部分被栅格化而另一部分保留矢量格式时，勾选此复选框会减小拼缝问题。但是，勾选此复选框可能会导致路径过于复杂，使打印机难于处理。

▌ 消除栅格锯齿：可以将对象在栅格过程中产生的边缘锯齿进行平滑处理。

▌ 保留 Alpha 透明度：保留拼合对象的整体不透明度。勾选复选框时，对象的混合模式和叠印都会丢失，但会在处理后的图稿中保留它们的外观和 Alpha 透明度级别。可以用在 SWF 或 SVG 格式中。

▌ 保留叠印和专色：保留专色和不涉及透明度对象的叠印。

知识点 5　查看文档信息

执行"窗口-文档信息"命令，可以打开"文档信息"面板，在其中可以查看当前文档信息，以确定文档中各项设置是否正确，如图9-20所示。如需更改颜色模式，可以执行"文件-文档颜色模式"命令进行更改；如需更改其他参数，可以执行"文件-文档设置"命令，在打开的"文档设置"对话框中进行更改，如图9-21所示。

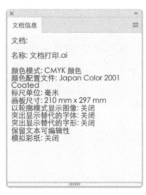

图9-20

第5节 打印设置

图稿设计完成并检查验收无误后，便可以连接打印机进行打印输出。打印前可以对文档的打印参数进行设置。

知识点 1 查看"打印"对话框

执行"文件-打印"命令，打开"打印"对话框，在对话框中选择打印机、设置纸张大小和方向以及其他的选项，如图9-22所示。

"打印"对话框中各参数的详细含义如下。

▎常规：设置页面大小和方向，指定要打印的份数、缩放以及选择要打印的图层。

▎标记和出血：选择印刷标记与创建出血。

▎输出：创建分色。

▎图形：设置路径、字体、PostScript文件、渐变、网格和混合的打印选项。

▎颜色管理：选择一套打印颜色的配置文件和渲染方法。

▎高级：控制打印时的矢量文件拼合。

▎小结：查看和存储打印设置小结。

图9-21

图9-22

知识点 2 印刷标记和出血

为了方便打印文件，在打印前可以为文档添加印刷标记和出血设置。在"打印"对话框中选择"标记和出血"选项，可以在"标记和出血"面板中设置裁切标记、颜色条以及其他标记，如图9-23所示。

"标记和出血"面板中各参数的详细含义如下。

▎裁切标记：可以在水平和垂直方向为图稿添加裁切位置标线。

▎套准标记：在多色印刷时，用于对齐每一版分色片，防止因位置偏差出现错位叠印。

▎颜色条：以彩色小方块呈现，标识CMYK油墨和色调灰度。

▎页面信息：在图像的上方标记文件名、输出时间和日期。

▎使用文档出血设置：出血是印刷业的一种专业术语，是指印刷画面超出版心范围，覆盖到出血线；设置出血是为了避免图稿的裁切误差，出现漏白边等问题。

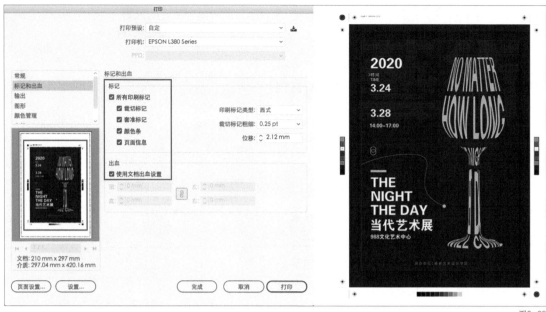

图9-23

本课练习题

1. 填空题

（1）借助于一定的压力和温度将金属箔烫印到印刷品上的方法是_____。

（2）传统印刷可分为3个阶段，分别是_____、_____、_____。

（3）_____工艺可以使平整纸张表面具有立体的阳刻浮雕效果。

参考答案：（1）烫金/烫银工艺；（2）印前、印中、印后；（3）起凸工艺。

2. 选择题

（1）下列有关文件的打印描述正确的是？（　　　）

A. 图像细节的打印结果，由显示器的质量来决定

B. 打印纸张的大小可以设定，但其方向不能改变

C. 可以将文件打印在纸上，传送到数位印刷机上，或是转变为胶片的正片或负片

D. 传统印刷适合少量、快速预览时使用

（2）"套准标记"的作用是什么？（　　　）

A. 对齐分色片　　　　　　　　　　B. 显示页面信息

C. 显示打印信息　　　　　　　　　D. 在页面顶端添加一个色条

（3）"拼写检查"命令对下列哪个语种有效？（　　　）。

A. 中文　　　　　　B. 英文　　　　　　C. 日文　　　　　　D. 韩文

参考答案：（1）A、C；（2）C；（3）A。

第 **10** 课

综合案例

本课将通过名片设计、宣传单设计、折页设计、图标设计4个案例，让读者掌握Illustrator 2020在设计领域的精彩应用。

➜ 加入本书售后群，即可获得本课详细讲解视频。

第1节 名片设计

名片作为个人或企业信息传递的载体，是交际中不可缺少的一部分。一张好的名片，不仅会让人有好的初步印象，更会为企业增添有利的传播价值。

知识点 1 初识名片

名片看似只是一张小卡片，但是其中所蕴含的设计专业知识是非常多的，包括字体、字号、字间距、行间距、层级、位置关系等相关知识。

在设计之前先来了解一下什么是优秀的设计。请看图10-1所示的3张名片，哪一张名片给人感觉这家公司最高端？

图10-1

通过观察，不难看出中间的名片比两边的名片整体字号略小，并且中间的名片文字选择了宋体字，看起来精致、高档。相比较来说，中间的名片会给人感觉这家公司更高端。因此，设计名片时需要针对客户群体，选择不同的字体、字号、字间距、行间距、层级、位置等。

知识点 2 名片的规范

设计名片时需要注意设计规范，例如版面率、尺寸、字体、对齐方式、信息层次等。

1. 名片的版面率

版面率是指名片中内容的多少及布局形式，不同的版面率带给人的感受不同，如图10-2所示。左图的名片版面率低，给人冷静、高端的感觉；右图的名片版面率高，给人热情、主动的感觉。

图10-2

2. 名片的尺寸

名片的常用尺寸有以下几种，如图10-3所示。

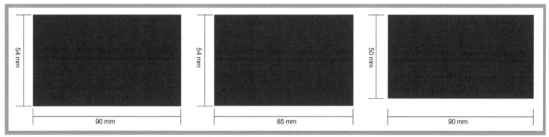

图10-3

▌ 90mm×54mm。

▌ 85mm×54mm。

▌ 90mm×50mm。

3. 名片的字体

名片中的字体一般不应超过两种，字体过多会导致凌乱，如图10-4所示。文字的颜色也不宜过多。最小字号不要小于5pt，过小的字号会导致文字印刷后显示不完整。

4. 名片的对齐方式

在名片小小的版面中，只有严谨的对齐方式才能流畅地引导用户阅读信息。常用的对齐方式有左对齐、居中对齐等，如图10-5所示。

图10-4

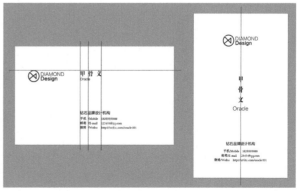

图10-5

5. 名片的信息层次

　　一张名片中包含了姓名、联系方式、公司名称、公司地址、职务 / 职位等信息。在排版时，就需要对这些信息进行梳理。合理的信息层次可以更好地传达信息，如图10-6所示。

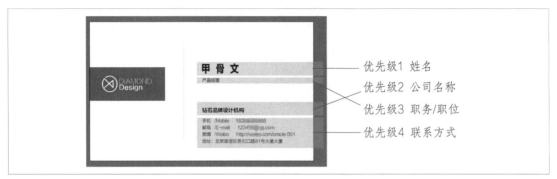

图10-6

知识点 3 名片案例制作

　　本案例将讲解名片的制作方法，主要包括文案信息的提炼、文字字体的选择、文字大小的调节、文字的位置排版等，帮助读者掌握名片的设计方法和技巧。图10-7所示为名片效果图。

　　案例的详细操作步骤如下。

　　（1）执行"文件－新建"命令，或按快捷键Ctrl+N，打开"新建文档"对话框，设置文件尺寸为54mm×90mm，画板为2，颜色模式为CMYK，分辨率为300ppi，如图10-8所示。

　　（2）使用文本工具，将提供的文案素材复制到画板1中，并将文字信息进行整理拆分，将同类信息归为一类，如图10-9所示。

图10-7　　　　　　　　　　图10-8　　　　　　　　　　图10-9

　　（3）使用"字符"和"段落"面板，设置文字的字体、字号、间距、对齐等参数，并对文字的摆放位置进行排版，如图10-10所示。

　　文字设置的详细参数如下。

　　"姓名"字体为方正兰亭大黑，字号14pt。

　　"职务"字体为方正兰亭纤黑，字号6pt。

　　"手机号"字体为方正兰亭纤黑，字号10pt。

图10-10

"邮箱、电话、QQ"字体为方正兰亭纤黑，字号5pt。

"公司名称-中文"字体为方正兰亭中粗黑，字号6pt。

"公司名称-英文"字体为方正兰亭纤黑，字号5pt。

"地址信息"字体为方正兰亭纤黑，字号5pt。

（4）使用矩形工具绘制尺寸为54mm×90mm的矩形块，放置在画板2中作为名片背面的底色块，并将矩形的填充色设置为（C:5%,M:95%,Y95%,K:0%），如图10-11所示。

（5）执行"文件-置入"命令，在打开的对话框中选择需要的素材Logo置入文件中，放置在画板2的正中间，并调整Logo尺寸，高度为8mm，如图10-12所示。

名片的正面与背面最终效果如图10-13所示。

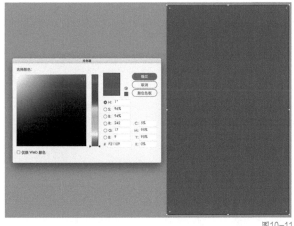

图10-11

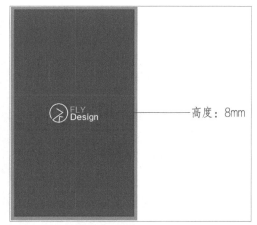

高度：8mm

图10-12

第2节 宣传单设计

宣传单是最常见的广告宣传品，被广泛使用在促销广告、商场活动、学校招生、企业宣传、展会信息等领域。其优势是针对性强、视觉效果好、灵活性大、印刷成本低。

图10-13

知识点 1　初识宣传单

宣传单一般可分为正面和背面，正面主要以大图、广告语进行宣传，背面以产品细节介绍为主。正、背两面各有其功能，如图10-14所示。

知识点 2　宣传单的规范

设计宣传单时需要注意设计规范，例如排版内容、尺寸、字号、间距等。

1. 宣传单的排版内容

常见的宣传单正、背两面排版内容参考如下。

正面内容应包括以下信息。

▌ 主视觉图。

▌ 宣传广告语。

▌ 公司品牌标识。

▌ 企业介绍、产品介绍等少量文字信息。

▌ 联系方式。

背面内容应包括以下信息。

▌ 产品或活动介绍。

▌ 企业介绍。

▌ 联系方式。

2. 宣传单的尺寸

宣传单的常用尺寸有以下几种，如图10-15所示。

图10-14

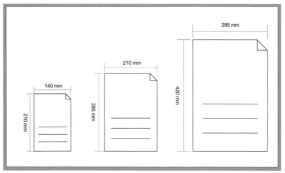

图10-15

▌ A5尺寸为140mm×210mm，其优点为小巧精致，携带方便，更省成本。

▌ A4尺寸为210mm×285mm，其优点为尺寸适中，应用广泛，性价比高。

▌ A3尺寸为285mm×420mm，其优点为超大画幅，内容丰富，观感大气。

3. 宣传单的文字

宣传单中常用的正文字号为9pt，小于9pt的文字大多数为装饰文字。使用大字号则应根据视觉效果决定。

为了给读者舒适的阅读感受，行间距的设置一般为字号的1.5 ~ 2倍，例如字号为9pt，行间距则应在14pt、16pt、18pt，这样文字阅读起来比较舒适，同时段落对齐方式一般应调整为两端对齐，末行左对齐，如图10-16所示。

图10-16

知识点3 宣传单案例制作

本知识点将讲解宣传单的制作方法，主要包括文案信息的提炼、文字字体的选择、文字间距的调节、段落样式的调节、图案的添加等，帮助读者掌握宣传单的设计方法和技巧。图10-17所示为宣传单效果图。

案例的详细操作步骤如下。

（1）执行"文件-新建"命令，或按快捷键Ctrl+N，打开"新建文档"对话框，设置文件尺寸为210mm×285mm，画板为2，颜色模式为CMYK，分辨率为300ppi，如图10-18所示。

（2）执行"文件-置入"命令，在打开的对话框中选择需要的素材"背景1""背景2""背景3"置入文件中，并调节图像在画板1的位置，如图10-19所示。

> **提示** 在Illustrator 2020中置入图像，需要选中图像，在控制栏点击"嵌入"按钮，这样可以保证文件在其他计算机中打开后图像也不会缺失，也可以理解为嵌入后的图像会永久保留在文件中。

（3）选中素材"背景1"，执行"窗口-透明度"命令，打开"透明度"面板，设置素材

"背景1"的不透明度为30%。

图10-17　　　　　　　　　　　　　图10-18　　　　　　　　　　　　　图10-19

（4）选中素材"背景2"和"背景3"，执行"窗口-透明度"命令，打开"透明度"面板，设置素材"背景2"和"背景3"的图像混合模式为"正片叠底"，如图10-20所示。设置正片叠底可以让图像白色区域透叠出"背景1"底纹。

（5）使用矩形工具绘制尺寸为72mm×126mm的矩形，并将矩形的填充色设置为（C:65%,M:20%,Y100%,K:0%）。同时将矩形放置在"背景2"图层的下方，如图10-21所示。

图10-20　　　　　　　　　　　　　　　　　　　　　　　图10-21

（6）使用矩形工具和直线段工具，绘制尺寸为28mm×28mm、粗细为0.75pt的田字格，并根据图10-22所示添加文字和图形等信息。文字设置的详细参数如下。

"五谷杂粮"字体为汉仪迪升英雄体，字号80pt。

"为中国做好粮"字体为方正兰亭中黑，字号26pt。

"非转基因农作物产品"字体为方正兰亭中黑，字号12pt。

> **提示**　波浪线的绘制，可以在绘制直线段后，执行"效果-扭曲和变换-波纹效果"命令，在打开的"波纹效果"对话框中设置波浪线效果参数。

（7）使用矩形工具，绘制尺寸为210mm×25mm的矩形，放置于画板1底部，并根据图10-23所示添加文字和图形等信息。

图10-22

图10-23

文字设置的详细参数如下。

联系方式字体为方正兰亭中黑，字号12pt。

电话号码字体为方正兰亭中黑，字号18pt。

地址信息字体为方正兰亭中黑，字号12pt。

（8）使用矩形工具绘制尺寸为210mm×285mm的矩形，放置在画板2中作为宣传单背面的底色块，并将矩形的填充色设置为(C:65%,M:20%,Y100%,K:0%)，如图10-24所示。

（9）选择矩形，执行"对象–路径–偏移路径"命令，打开"偏移路径"对话框，设置位移参数为–5mm，单击"确定"按钮即可新建间距向内收缩5mm的矩形，如图10-25所示。

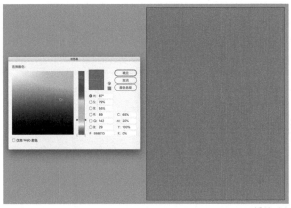

图10-24

图10-25

（10）选择新创建的矩形，将填充色设置为白色，如图10-26所示。

（11）执行"文件–置入"命令，在打开的对话框中将素材"书法字"置入文件中。选中素材，执行"窗口–图像描摹"命令，打开"图像描摹"面板，勾选"预览"和"忽略白色"复选框，并单击控制栏中的"扩展"按钮生成描摹图像，如图10-27

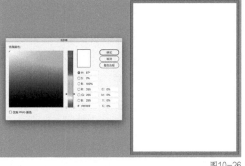

图10-26

所示。

（12）选中描摹图像右击，在弹出的快捷菜单中取消编组，将每个文字独立拆解，并根据图10-28所示组合排版文字。

（13）继续添加文案信息，执行"窗口－文字－字符"命令，调节文本字体、字号、行间距，如图10-29所示。文字设置的详细参数如下。

标题"非转基因"字体为方正兰亭中黑，字号24pt。

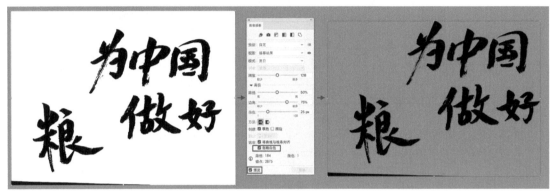

图10-27

标题"农作物产品"字体为方正兰亭特黑，字号24pt。

英文标题字体为方正兰亭中黑，字号8pt。

正文字体为方正兰亭纤黑，字号9pt，行间距16pt，段落对齐方式为两端对齐、末行左对齐。

> **提示**　选择绕排对象与区域文本，执行"对象－文本绕排－建立"命令，即可实现文字绕排效果。详细的文本绕排内容可以查看第7课的第3节。

（14）继续添加文案信息，根据图10-30所示进行文案排版。

图10-28

图10-29

图10-30

文字设置的详细参数如下。

中文标题字体为方正兰亭特黑，字号12pt。

英文标题字体为方正兰亭中黑，字号8pt。

正文字体为方正兰亭纤黑，字号9pt，行间距16pt，段落对齐方式为两端对齐、末行左对齐。

（15）执行"文件－置入"命令，选择需要的素材"产品1""产品2""产品3"置入文件中，并调节图像在画板2的位置，如图10-31所示。

宣传单的正面与背面最终效果如图10-32所示。

图10-31

图10-32

第3节 折页设计

折页是宣传单的一种表现形式，它将宣传单按一定的顺序进行折叠，使其更加小巧，便于携带、存放和邮寄，同时也可以将内容划分为几块，便于阅读理解，宣传效果更佳。

知识点 1 初识折页

折页有多种折法，有两折页、三折页、四折页、多折页等，不同的折页对应的折法也不一样，如图10-33所示。

知识点 2 折页的规范

折页的设计需要注意设计规范，例如排版内容、尺寸、字号、间距等。

1. 折页的尺寸

为了有效利用纸张，通常将折页的尺寸分为以下几种，如图10-34所示。

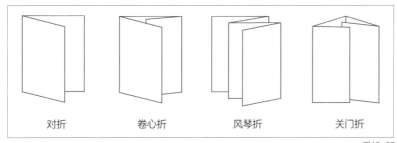

图10-33

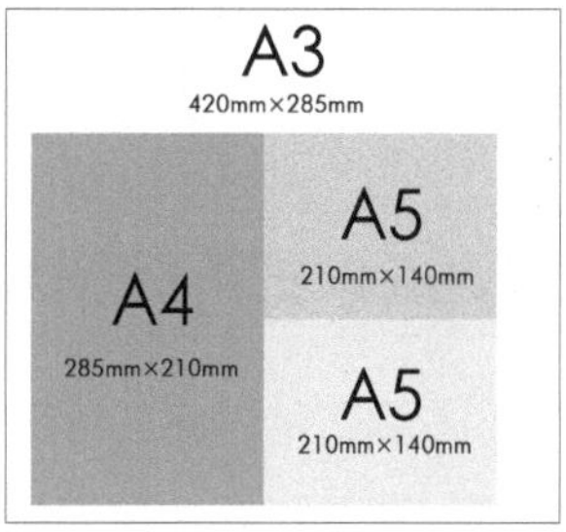

图10-34

▌ 三折页、四折页尺寸：（A3/大8开） 420mm×285mm。

▌ 三折页尺寸：（A4/大16开）285mm×210mm。

▌ 二折页尺寸：（A5/大32开）210mm×140mm。

2. 折页的排版内容

在生活中较常见的折页为三折页。三折页与单页在内容设计上的做法是一样的，不同之处在于三折页按折页次序把内容进行了板块区分，使三折页每个板块都有自身的功能，并有独立的行业名称，如图10-35所示。

图10-35

封面通常包含以下内容。

▌ 主视觉图。

▌ 宣传广告语。

▌ 公司品牌标识。

封底通常包含以下内容。

▌ 联系方式（电话、地址、邮箱、网址、二维码）等。

门通常包含以下内容。

▌ 企业介绍、活动或产品介绍等少量文字信息。

内页通常包含以下内容。

▌ 活动或产品信息的详细介绍。

内页的3个页面可以独立设计，也可以统一设计。

3. 三折页区域尺寸

以页面尺寸为285mm×210mm的三折页为例，每一个区域都有自己固定的宽度，如图10-36所示。采用不同的区域宽度的目的是为了使折页在折叠时可以相互包裹，不出现鼓包。

知识点3 三折页案例制作

本案例将讲解三折页的制作方法，主要包括区域的划分、封面、封底、门、内页等页面的制作，帮助读者掌握三折页的设计方法和技巧。图10-37所示为三折页效果图展示。

案例的详细操作步骤如下。

（1）执行"文件-新建"命令，或按快捷键Ctrl+N，打开"新建文档"对话框，设置文件尺寸为285mm×210mm，画板为2，颜色模式为CMYK，分辨率为300ppi，如图10-38所示。

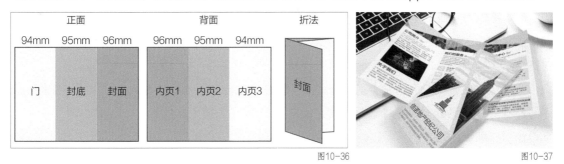

图10-36

图10-37

（2）执行"视图-标尺-显示标尺"命令，或按快捷键Ctrl+R，打开标尺。以三折页每一个区域的宽度为基准，建立参考线，如图10-39所示。

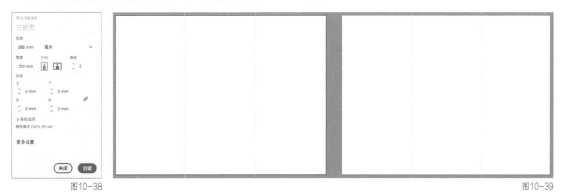

图10-38

图10-39

（3）执行"文件-置入"命令，在打开的对话框中选择需要的素材"封面背景"置入文件中。使用钢笔工具绘制三角形，为图形与背景图创建剪切蒙版，如图10-40所示。

提示 将图像同时剪切入两个图形时，需要先选中两个图形，执行"对象-复合路径-建立"命令，或使用快捷键Ctrl+8，将两个图形创建为复合路径，然后在创建剪切蒙版时，就可以将图像同时剪切入两个图形中。

（4）执行"文件-置入"命令，在打开的对话框中选择需要的素材"logo"置入文件中，并使用钢笔工具绘制图形作为背景，将图形的填充色设置为(C:0%,M:5%,Y:100%,K:0%)。同时使用文本工具排版文案信息，如图10-41所示。

图10-40

图10-41

文字设置的详细参数如下。

标题字体为方正兰亭纤黑，字号28pt。

正文字体为方正兰亭纤黑，字号9pt，行间距14pt，段落对齐方式为两端对齐、末行左对齐。

（5）在封底区域内使用文本工具排版企业荣誉、企业联系信息等文案，并执行"文件－置入"命令，在打开的对话框中选择需要的素材"二维码"置入文件中，如图10-42所示。文字设置的详细参数如下。

标题字体为方正兰亭纤黑，字号28pt。

正文字体为方正兰亭纤黑，字号9pt，行间距14pt，段落对齐方式为两端对齐、末行左对齐。

联系信息字体为方正兰亭纤黑，字号8pt，行间距12pt，段落对齐方式为居中对齐。

（6）在门区域内使用文本工具排版企业展望文案，并执行"文件－置入"命令，在打开的对话框中选择需要的素材"配图1"和"配图2"置入文件中，调节图像展现比例，如图10-43所示。

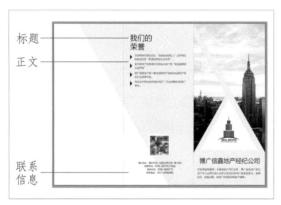

图10-42　　　　　　　　　　　　　　　　　　　图10-43

文字设置的详细参数如下。

标题字体为方正兰亭纤黑，字号28pt，行间距32pt。

正文字体为方正兰亭纤黑，字号9pt，行间距14pt，段落对齐方式为两端对齐、末行左对齐。

（7）继续制作内页区域，执行"文件－置入"命令，在打开的对话框中选择需要的素材"配图3"置入文件中，如图10-44所示。

（8）使用钢笔工具，在素材"配图3"的图层上绘制装饰图形，将图形的填充色设置为(C:0%,M:5%,Y:100%,K:0%)，如图10-45所示。

（9）在内页1区域内使用文本工具排版"公司简介"和"关于我们"文案，并执行"文件－置入"命令，在打开的对话框中选择需要的素材"配图4"置入文件中，如图10-46所示。文字设置的详细参数如下。

中文标题字体为方正兰亭黑，字号24pt。

英文标题字体为方正兰亭纤黑，字号6pt。

图10-44　　　　　　　　　　　　　　　　　　　　　　　　　　　　图10-45

　　正文1字体为方正兰亭纤黑，字号8pt，行间距12pt，段落对齐方式为两端对齐、末行左对齐。

　　正文2字体为方正兰亭纤黑，字号9pt，行间距12pt，段落对齐方式为两端对齐、末行左对齐。

　　（10）内页2的排版与内页1相似，同样使用文本工具排版"我们的服务"文案，并执行"文件-置入"命令，在打开的对话框中选择需要的素材"配图5"和"图标"置入文件中，如图10-47所示。

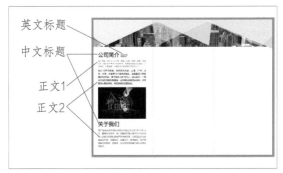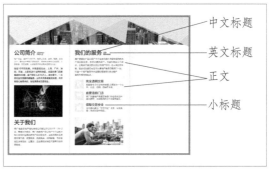

图10-46　　　　　　　　　　　　　　　　　　　　　　　　　　　　图10-47

　　（11）继续在内页3中使用文本工具排版"产品中心"文案，同时使用矩形工具，绘制尺寸为26mm×73mm的矩形1和尺寸为3.5mm×26mm的矩形2，并将其左对齐，作为文案的底色块，如图10-48所示。内页3的文字设置参数与内页2相同，此处不再赘述。

　　三折页的正面与背面最终效果如图10-49所示。

图10-48　　　　　　　　　　　　　　　　　　　　　　　　　　　　图10-49

第4节 图标设计

图标在日常生活中随处可见，如一个品牌的标识、道路上的交通标识、网页中的图形符号、App中的图标等。图标相对于文字可以更直观地表达含义，便于加深受众印象，同时也大大提升了视觉体验感受。

知识点 1 初识图标

图标又称"Icon"，是指带有意义的标识性质的图标。如果按用途对其分类，可分为应用图标和功能图标。

▍ 应用图标是指程序标识，类似于品牌Logo，是用户对应用的第一印象，用户通过点击它来开启应用程序，如图10-50所示。

▍ 功能图标是指应用程序界面中描述功能操作的图标，用户通过功能图标的引导可以完成相关任务，如图10-51所示。

图10-50

图10-51

知识点 2 图标的风格

常见的图标风格有扁平化图标、微质感图标、线性图标、面性图标、立体图标、拟真图标。

1. 扁平化图标

图标常以纯色或轻微渐变作为底色，去除烦琐的装饰效果，让主体信息更加突出，如图10-52所示。

2. 微质感图标

图标整体有轻微立体效果，突出图标质感，如图10-53所示。

3. 线性图标

以线条勾勒成形的图标，类似简笔画效果，整体感受比较低龄化。为了便于识别，图标线条不要太细，如图10-54所示。

4. 面性图标

图标整体填充颜色，在界面上会占据更多空间，表达出力量感和重量感，视觉感受会更突出，如图10-55所示。

图10-52　　　　　　　　　图10-53　　　　　　　　　图10-54

5. 立体图标

图标呈现立体效果，带有透视角度，如图10-56所示。

图10-55　　　　　　　　　图10-56

6. 拟真图标

图标效果模拟真实物体，高度还原物体材质和质感，如图10-57所示。

图10-57

知识点3　图标的设计原则

在设计图标时需要注意图标的易识别性、一致性、兼容性特征，只有简洁、易用、高效，精美的图标设计才会起到画龙点睛的作用，才能更好地提升视觉效果。

1. 易识别性

图标的造型要能准确表达相应的意思。换言之，看到一个图标，就要明白其所代表的含义，这是图标设计的灵魂，是图标设计的最基础原则，如果过度追求设计而忽视了图标的易识别性，那图标就失去了意义，如图10-58所示。

2．一致性

一套图标的视觉设计需要协调统一，这会使图标具有自己的风格，看上去也会更美观、更专业。如果图标没有相互匹配，而是东拼西凑，就会导致视觉体验感差，给人不专业的感觉，如图10-59所示。

易识别　　　　　　不易识别　　　　　　风格一致　　　　　　风格杂乱

图10-58　　　　　　　　　　　　　　　　　　图10-59

3．兼容性

图标可能会应用在不同设备或系统中，这时就需要对图标进行适配，使其可以兼容不同设备或系统的需求，如图10-60所示。

知识点 4　图标案例制作

本知识点将通过制作一枚轻质感图标讲解图标的制作方法，主要包括尺寸的建立、造型的搭建、渐变色的添加、内发光与投影效果的应用等，帮助读者掌握图标的设计方法和技巧。图10-61所示为图标效果图展示。

其详细的操作步骤如下。

（1）执行"文件–新建"命令，或按快捷键Ctrl+N，打开"新建文档"对话框，设置文件尺寸为500px×500px，画板为1，颜色模式为RGB，分辨率为72ppi，如图10-62所示。

图10-60　　　　　　　　　　　图10-61　　　　　　　　　　　图10-62

（2）使用圆角矩形工具绘制尺寸为440px×440px、圆角半径为80px的矩形，放置在画板中心作为图标的底块，并给矩形添加45°线性渐变，如图10-63所示。

（3）选择矩形，执行"效果–风格化–投影"命令，在打开的"投影"对话框中设置投影参数，如图10-64所示。

（4）选择矩形，执行"对象-路径-偏移路径"命令，在打开的"偏移路径"对话框中设置位移为-35px，单击"确定"按钮，创建内矩形。给矩形添加径向渐变，如图10-65所示。

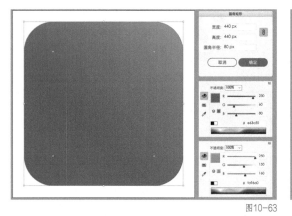

图10-63

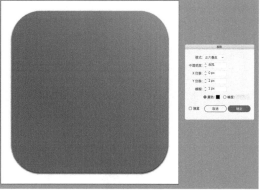

图10-64

（5）选择内矩形，执行"效果-风格化-内发光"命令，在打开的"内发光"对话框中设置内发光参数，如图10-66所示。

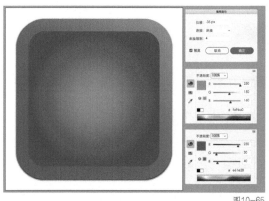

图10-65

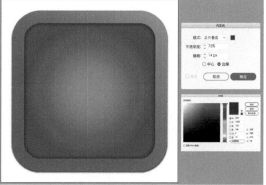

图10-66

（6）使用圆角矩形工具绘制尺寸为150px×225px、圆角半径为4px的矩形，然后执行"效果-风格化-投影"命令，在打开的"投影"对话框中设置投影参数，为其添加投影效果。添加完成后将其复制得到两个矩形，如图10-67所示。

（7）使用文本工具，分别输入数字"2"和"3"，设置字体为Arial，字号200pt。然后选中文字，执行"文字-创建轮廓"命令，或使用快捷键Ctrl+Shift+O，将文字转换成路径文本，如图10-68所示。

（8）使用直线段工具，分别在数字2和数字3上绘制一条直线，并将直线与白色矩形和数字垂直居中对齐，如图10-69所示。

（9）选中数字2背后的白色矩形，按快捷键Ctrl+C复制，再按快捷键Ctrl+F，将白色矩形原位在前粘贴一个。然后选中直线和新复制的矩形以及数字2，执行"窗口-路径查找器"命令，在打开的"路径查找器"面板中，单击"分割"按钮，利用线条将形状与数字分割成两半，如图10-70所示。

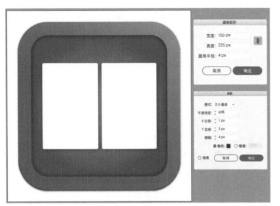

图10-67　　　　　　　　　　　　　　　　　　图10-68

图10-69　　　　　　　　　　　　　　　　　　图10-70

（10）将数字2上半部分的矩形填充渐变色，并将数字2下半部分填充深灰色，制作出折痕效果，如图10-71所示。

（11）选中数字3背后的白色矩形，按快捷键 Ctrl+C复制，再按快捷键Ctrl+F，将白色矩形原位在前粘贴一个。然后选中直线和新复制的矩形以及数字3，执行"窗口-路径查找器"命令，在打开的"路径查找器"面板中，单击"分割"按钮，利用线条将形状与数字分割成两半，如图10-72所示。

图10-71　　　　　　　　　　　　　　　　　　图10-72

（12）选择数字3和数字3上半部分的矩形，使用工具箱中的自由变换工具，调节透视关系，制作出翻页效果，如图10-73所示。

▎为数字3上半部分与背后的矩形填充渐变色，如图10-74所示。

▎为数字3下半部分的矩形填充渐变色，如图10-75所示。

（13）选中数字3上半部分的矩形，按快捷键Ctrl+C复制，再按快捷键Ctrl+B，将矩形原位在后粘贴一个，并将新复制的矩形向后移动，制作重叠效果，如图10-76所示。

图10-73

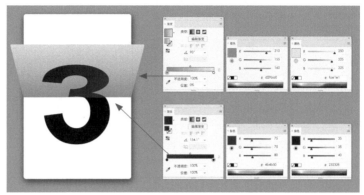

图10-74

图10-75

复制出的一层

图10-76

（14）选中数字3上半部分的矩形，在工具箱中选择镜像工具，或按快捷键O，进行镜像，如图10-77所示。

（15）对镜像出的形状执行"效果-模糊-高斯模糊"命令，并将不透明度设置为30%，如图10-78所示。

图标的最终效果如图10-79所示。

镜像出的
图层

图10-77

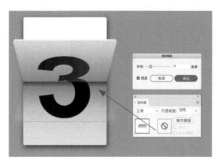

图10-78

图10-79

本课练习题

1. 填空题

（1）宣传单在设计时，正面可以放置哪些内容：＿＿＿＿＿、＿＿＿＿＿、＿＿＿＿＿。（至少写出3个）

（2）常见的图标风格有＿＿＿＿＿、＿＿＿＿＿、线性图标、面性图标、立体图标、拟真图标。

（3）在设计图标时需要注意图标的＿＿＿＿＿性、＿＿＿＿＿性、兼容性的特征。

参考答案：（1）主视觉图\广告语\品牌标识\企业介绍\产品介绍\联系方式；（2）扁平化图标、微质感图标；（3）易识别、一致。

2. 选择题

（1）以下尺寸中，哪些是名片常用的尺寸？（　　　）

A. 90mm×54mm B. 85mm×54mm

C. 100mm×50mm D. 90mm×50mm

（2）制作三折页的常用尺寸是？（　　　）

A. 210mm×297mm B. 96mm×210mm

C. 420mm×210mm D. 285mm×210mm

（3）以下图标类型中，哪类图标整体有轻微立体效果，突出图标的质感？（　　　）

A. 微质感图标 B. 扁平化图标

C. 立体图标 D. 面性图标

（4）以下名称中，哪些是三折页正面的栏目区域名称？（　　　）

A. 封面 B. 左页

C. 内页 D. 门

参考答案：（1）A、B、D；（2）D；（3）A；（4）A、D。

3. 操作题

（1）名片制作。根据素材包提供的文案，完成名片的排版设计，版式风格不限，尺寸要求90mm×54mm。

（2）宣传单制作。根据素材包提供的文案，完成宣传单的排版设计，符合内容主题，尺寸要求210mm×285mm。

（3）三折页制作。根据素材包提供的文案，完成宣传单的排版设计，符合内容主题，尺寸要求285mm×210mm。

（4）图标制作。根据图10-80所示完成图标的设计，尺寸要求500px×500px。

图10-80